什么是什么 德国少年儿童百科知识全书

蝴蝶王国

［德］萨比娜·斯特格豪斯-考瓦克 / 著
［德］约翰·布兰斯泰特 / 绘
张 强 / 译

长江出版传媒 | 湖北教育出版社

前　言

蝴蝶是人们最喜爱的昆虫之一。色彩缤纷的蝴蝶优美地拍打着翅膀，在阳光下飞过开满鲜花的草地，但这美丽的画面只会在夏天出现。从卵到幼虫和蛹，再到成年的蝴蝶，这种奇妙的变化过程吸引着那些热爱自然的人们，无论是大人还是孩子。

全世界鳞翅目昆虫（包括蝶类和蛾类）的种类超过了 15 万种，是最庞大的昆虫种类之一。其中的大多数是那些非常不引人注目的夜蛾。

鳞翅目昆虫的幼虫大多数以植物为食，但也有一些掠食性的种类。毛虫往往是鸟类、爬行动物和两栖动物的食物，不过也有一些幼虫扮演着对我们人类非常重要的“清道夫”的角色。成年的鳞翅目昆虫在吸食花蜜的过程中会传播花粉，从而帮助植物完成授粉过程。

这本《蝴蝶王国》对鳞翅目昆虫的生活方式做了详细的描述，而我们人类本身和这种动物也有非常紧密的联系——在数千年前，人们就开始利用某些蛾类获取蚕丝。另一方面，许多鳞翅目幼虫也会给我们的经济林木、储存物以及原材料造成很大的损害。

另外，人类也是鳞翅目昆虫的敌人。很早以前，种类繁多的鳞翅目昆虫在很多地区都是十分常见的；今天，它们的生存环境遭到了人类的破坏，许多种类都在逐渐消失。目前，世界上 2/3 的蝴蝶濒临灭绝。

图片来源明细

图片：Focus图片代理公司/SPL(汉堡)：7下，15右下，16右下，18，19右(2)；AKG图片公司(柏林)：45右上；Tessloff出版社档案馆(纽伦堡)：3，4右上，4下，5左(生存空间)(5)，6右中，9，13，14左下，15左下，18/19，20上，21上，28上，29下中，30下，31上，31右下，36中右，36右下，40上，46下，46右上，48；汉斯·班兹格尔博士(泰国清迈)：35上；Biopix.dk图片：5左(荨麻蛱蝶和阿波罗绢蝶)，7上，14左中，20/21下，23中，26下，35中下(丁目天蚕蛾)，36左下，37上，44右上，44左中(尺蛾)，44左下，45中；视角图片社(维滕)：35左中；考比斯图片社(杜塞尔多夫)：12右中，29左中，42上(2)，42左下，42/43，43上，43中；罗伯·爱德蒙兹(英国)：25上；丛林天堂(诺伊恩马克特)：5左(绿豹蛱蝶/W.波姆)，5左(大闪蝶)，6左上，16上，16左下，22下(4)；塞恩宫蝴蝶花园：24上；达米尔·考瓦克博士(美因河法兰克福)：15左上，36中下，39，46右下；兰德霍特企业有限责任公司：47中；保罗·麦泽(意大利)：46中(灯蛾)；自然历史博物馆(伦敦)：38左中(2)；NHPA图片库(苏塞克斯)：6左下，17上，25下，27右上，38左下，44左中(槐实卷叶蛾)，45左下；Okapia图片公司(法兰克福)：43下；同盟图片(法兰克福)：5右(2)，6/7下，15右中，25中，29上，33上，34下，47右上；约根·罗德兰德(美因茨)：26中右，27左上；Strandperle图片社(汉堡，Alamy图片社)：5左(水螟)，12右上，12/13，34/35下，42右中；瓦尔特·施恩(巴特-索尔高)：4左上，17左(2)，23上(蜘蛱蝶和古毒蛾)，24下(2)，26上，29右(2)，30上，32中，35右下，37下，41下，47右下；Wildlife图片公司(汉堡)：14/15下，16中上，22上，23下，31左下，32左下(2)，34上，34中，44中右

封面图片：视觉中国

插图：约翰·布兰斯泰特

设计：约翰·布勒丁格(纽伦堡)

目 录

狸白蛱蝶是德国大约 190 种蝶类中的一种

全世界目前已知的蝶类大约有 1.5 万种，其中很多种类都像热带的凤蝶一样美丽

鳞翅目昆虫的多样性

世界上有多少种鳞翅目昆虫？

蝴蝶和蛾属于动物界节肢动物门昆虫纲四大目之一的鳞翅目。根据现在的科学认知水平，科学家们证实，地球上已知的鳞翅目昆虫（包括蝶类和蛾类）已经超过了 15 万种，是仅次于鞘翅目的第二大目，种类数多于蚊子和苍蝇所属的双翅目，以及黄蜂、蜜蜂和蚂蚁所属的膜翅目。目前，世界上已知的鳞翅目昆虫的种类数是鸟类的 15 倍。脊椎动物的种类不足 5 000 种，而鳞翅目昆虫的种类则是脊椎动物的 30 倍以上。昆虫是整个动物界最大的种类，目前依然有新的种类不断地被人们所发现。据估计，鳞翅目的实际种类数可能会达到 50 万种，其中 4/5 属于蛾类。在中欧一共有大约 3 700 种本地鳞翅目种类，其中的 190 种为蝶类。

鳞翅目昆虫和它们的生存空间（图片从上到下）：水螟的幼虫和蛹在水下发育；绿豹蛱蝶在开满鲜花的丛林中飞翔；荨麻蛱蝶在草地和花园中会经常出现；闪烁着蓝色光芒的大闪蝶生活在中美洲和南美洲的热带雨林中；严重濒危的阿波罗绢蝶生活在多岩石的山地地区

成年的蝴蝶往往会落到盛开的鲜花上吸食花蜜，蝴蝶会用它的口器吸食液态的营养物质

鳞翅目昆虫生活在什么地方?

蝴蝶和蛾几乎只生活于陆地上，大多数生活在热带和亚热带地区。学者们对生活在热带雨林树冠中的各种各样的鳞翅目昆虫的研究才刚刚开始。蝴蝶喜欢生活在鲜花众多的草地和树林中，许多蝴蝶的飞行高度往往只高过植被表层，而还有一些种类则多在树梢上徘徊。在寒冷的地区也有蝴蝶存在，例如，常年严寒的格陵兰岛的边界地区、人迹罕至的南太平洋岛屿、冻原地区和高原地带。此外，在喜马拉雅山脉海拔高达6 000 米的地区，也发现了蝴蝶的身影。大多数鳞翅目昆虫的幼虫都生活在绿色植物上，不过也有一些例外。有些在水中发育，还有一些能够在苔藓、腐烂的植物上，以及鸟类、脊椎动物、蜜蜂或蚂蚁的巢穴中成长，甚至可以在肥料中、储存的食物和材料中过着寄生生活。

水螟

绿豹蛱蝶

荨麻蛱蝶

大闪蝶

阿波罗绢蝶

如何识别鳞翅目昆虫?

蝴蝶的学名是“Lepidoptera”，源于希腊语，是“鳞翅目”的意思。彩色的鳞覆盖在两对翅膀和身躯上，这就是鳞翅目昆虫的显著特征。另外，成年个体的显著特征还包括它们可以卷曲的虹吸式口器，这种口器是由下颚的长颚片组成

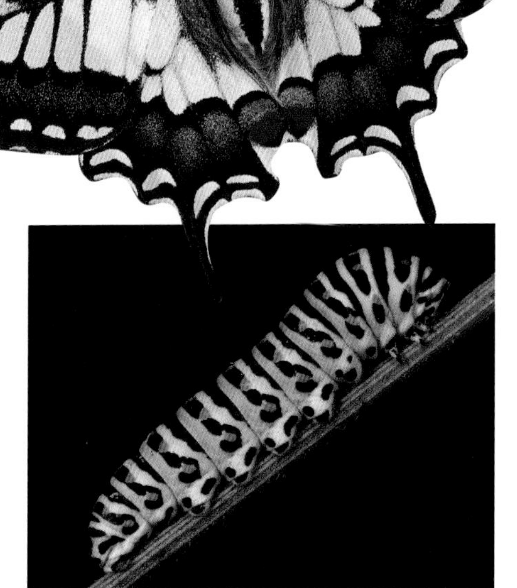

颜色鲜艳的幼虫变成美丽的成虫——金凤蝶

的。大多数蝴蝶借助这一取食器官吸食液态的营养物质。

蝴蝶和蛾都属于完全变态昆虫——从卵孵化成为一个与成虫完全不同的幼虫。幼虫通常会用强有力的下颚取食新鲜的植物，在这个阶段，拼命地吃东西是它们的主要任务。经过几次蜕皮后，幼虫就会找个安静的地方化成蛹，在蛹期内

透翅蛾几乎无鳞的翅膀让它们看起来并不像鳞翅目昆虫

叶蛾、天蚕蛾、蚕蛾等，它们的喙往往是弯曲的或者已经完全消失了，这样，成虫就以幼虫的储存物为食。

透翅蛾在第一次飞行的时候就会损失翅膀上大部分的鳞，因此，它们的翅膀会变成透明的。羽蛾属于较小的夜蛾，它们的翅膀呈羽状结构。尺蛾和一些雌性毒蛾的翅膀上还保留着微小的翅根。一些雌性鞘蛾不仅没有翅膀，而且也没有腿，呈蠕虫状。相比于这种无法飞行的雌性鞘蛾，其雄性个体却具有发育正常的翅膀。

区分提示

通过外形我们就能非常容易地区分大多数的蝴蝶和蛾。与其他昆虫相比，蝴蝶具有一个非常典型统一的形象。而很多蛾类则必须通过翅脉和生殖器官的形状才能区分。

幼虫逐渐蜕变成成虫，最后美丽的蝴蝶或蛾就会从蛹中破茧而出。

所有的鳞翅目昆虫都有翅膀吗?

在鳞翅目昆虫中有一些种类的躯体结构比较特殊。例如，小翅蛾科昆虫在中生代就已经生存在地球上了，这种鳞翅目昆虫没有长长的喙管，它们的成虫具有咀嚼型的上颚，能够取食花粉。 有些鳞翅目种类， 如枯

羽蛾属于体形较小的蛾类，它们的翅膀看起来像柔软的羽毛

蝶类和蛾类有什么不同?

蝶类是由5个具有亲缘关系的科组成的，而种类繁多的蛾类则是由100多个科、40多个总科组成的。蝶类和蛾类构成了昆虫纲中的鳞翅目。

我们经常把蛾类与蝶类混淆，因为它们长得实在太相似了。天蛾与蝶类之间的区别还没有天蛾与卷叶蛾或螟蛾之间的区别大。虽然大多数蛾类都生活在黑暗之中，颜色也不引人注目，但还是有很多与众不同的种类，例如，马达加斯加太阳蛾可以说是世界上最艳丽的鳞翅目昆虫之一。此外，在我们身边也有一些色彩缤纷的夜蛾和一些在白天活动的蛾类。我们可以把触角的形状作为区分蝶类和

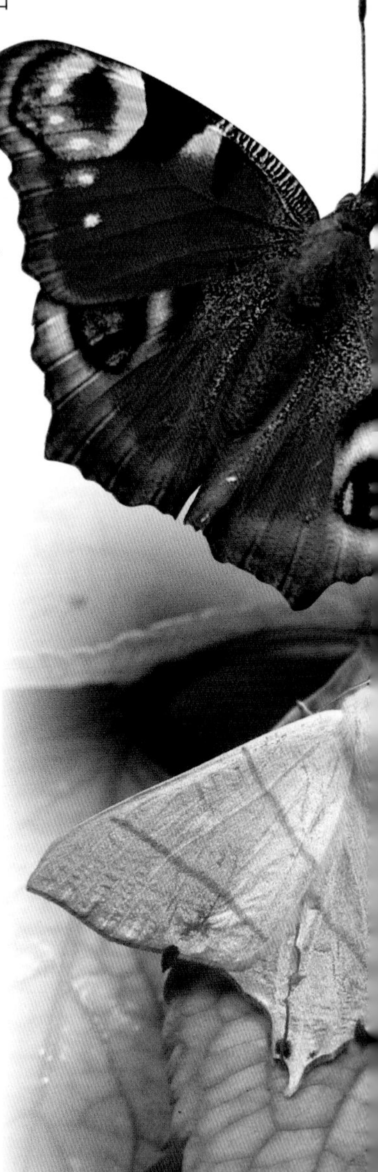

蝴蝶与蛾的祖先

研究人员在有 1.36 亿年历史的琥珀中，发现了今天依然存在的小翅蛾科昆虫的化石。而在形成于白垩纪的琥珀中，也发现了蛾类幼虫的躯体和幼虫啃食叶子的痕迹。种种迹象表明，鳞翅目昆虫早在 1 亿年前就已经存在了。

蛾类之中也有一些像醋栗尺蛾一样具有鲜艳色彩的种类

蛾类的依据：蝶类的触角呈棒状，蛾类的触角呈线状、锯齿状或羽毛状。蛾类的翅膀由突起或刺毛连接，而蝶类的翅膀上则没有这种连接结构。

孔雀蛱蝶（上图）等蝶类往往色彩鲜艳，而淡黄燕蛾（下图）等蛾类多呈现柔和暗淡的颜色。中欧地区所有蝶类的触角都为棒状，而蛾类的触角形状则差异极大

最早的鳞翅目昆虫生存在哪个时期？

在地球上，早在爬行类动物繁盛的中生代就已经有蝴蝶和蛾存在了，目前发现的年代最久远的鳞翅目昆虫翅膀的化石已经有 1.8 亿年的历史。据估计，最古老的蝶类化石应该诞生于近 5 000 万年前，而蝶科昆虫出现的年代应该更早。在 200 万年前的第三纪末期，现在已有的大部分蝴蝶和蛾就已经出现在地球上了。在冰河期的作用下，又出现了一些新的种类。直到今天，对许多身体形状非常原始的小翅蛾成虫来说，花粉依然是最重要的食物来源，大多数其他的鳞翅目昆虫以花蜜为食。根据科学家的猜测，与鳞翅目昆虫亲缘关系最近的毛翅目昆虫，很可能是在 2.5 亿年前的中生代早期出现的。

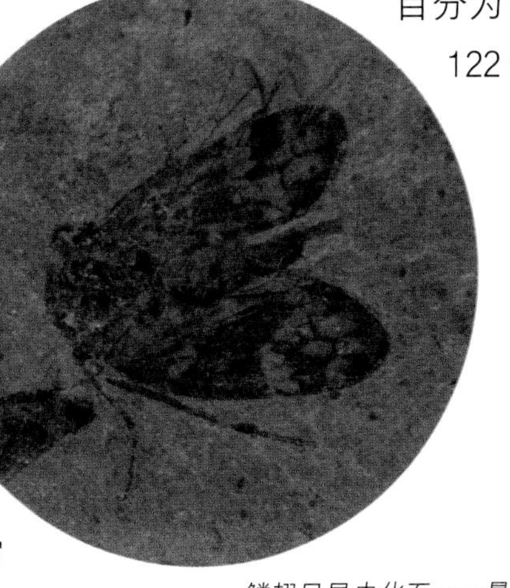

鳞翅目昆虫化石——最古老的鳞翅目昆虫翅膀化石残片已有超过 1.8 亿年的历史

什么是自然系统？

早在 250 年前，科学家们就开始努力把众多的物种归纳到某种能够反应亲缘关系的自然系统之中。在自然界中，能够互相交配并且繁育后代的动物形成一个种类，众多具有共同祖先的种类形成一个属，而具有一定关系的属构成科，然后形成总科，并以此类推构成目、纲和门。因为身体非常柔软的鳞翅目昆虫在地质时代中留下的痕迹非常少，所以关于鳞翅目昆虫的分类还有大量的未解之谜。根据口器和生殖器官的结构，人们把鳞翅目分为了 4 个亚目和 122 个科。

蝶类的彩色世界

弄 蝶

弄蝶是蝶类 5 个科中较为特殊的一种，其他 4 个科可以说是“真正”的蝶类，而弄蝶的蝶类特征并不明显。弄蝶飞行速度很快，会发出“嗡嗡”的声音，而且飞行轨迹飘忽不定。它们在静止的时候前翅向后竖起，后翅平放展开或者向下弯曲。弄蝶头部较大，触角相互展开，躯干较胖，前翅非常小，呈三角形，颜色不鲜艳。它们的幼虫有一个非常明显的颈部。幼虫老熟之后，就会变成由轻薄的茧包裹着的缢蛹。世界上大约有 3 600 种弄蝶，其中的大多数都在白天活动，并且喜热，也有一些种类喜欢在黄昏或者夜间活动。在中欧地区生活的弄蝶大约有 30 种。

银弄蝶

金凤蝶

凤 蝶

凤蝶科昆虫中有世界上最有名、最美丽和体形最大的几种蝴蝶。世界上约有 600 种凤蝶，其中大多数都生活在热带地区，在中欧仅有 5 种。凤蝶喜欢花朵，雄性凤蝶对花蜜情有独钟。凤蝶能够长时间不间断地飞行。它们的翅膀很大，颜色非常鲜艳，许多凤蝶的后翅上都有明显的尾突。但是印度尼西亚和几内亚的鸟翼蝶（凤蝶科）没有这个部分，这种蝴蝶的体形庞大，最大的鸟翼蝶展开双翅可达到 25 厘米。凤蝶科昆虫的 3 对足发育完全，并且带有钩状结构。其幼虫的颈部有一个防护腺，在遇到危险的时候能够向上翻起威胁敌人。这种蝴蝶的幼虫多会化为缢蛹。

粉 蝶

世界上共有 1 000 多种粉蝶，其中很多种类都是彩色的。在中欧地区生存着大约 20 种粉蝶，它们翅膀的正面多为白色、黄色、橙色或者黑色，这种蝴蝶在静止的时候会把背上的翅膀并拢竖起来。成年粉蝶会在花朵中吸食花蜜，在潮湿的地面上成群聚集。粉蝶的卵呈细长的纺锤形。粉蝶幼虫大多披着细细的绒毛，呈淡绿色。这些幼虫通常生活在十字花或者蝴蝶花上，然后化为缢蛹。粉蝶的 3 对足的末端具有分叉的钩状结构。明暗菜粉蝶和大菜粉蝶等粉蝶科昆虫是少数几种危害经济作物的蝶类。粉蝶中有一些种类还喜欢成群地活动。

大菜粉蝶

蛱　蝶

世界上约有 6 000 种蛱蝶。该物种是中欧地区最大的一个蝴蝶种群。在中欧地区生活的蛱蝶有 90 多种，其中包括孔雀蛱蝶、红蛱蝶和荨麻蛱蝶等一些著名的种类。在所有的蝶类中，蛱蝶的外貌最复杂多变，每一只蛱蝶的斑纹色彩都不相同，而且它们的生存方式多种多样。蛱蝶成虫吸食花蜜，有些种类则主要吸吮树木的汁液、蚜虫的排泄物、新鲜粪便或腐烂水果产生的液汁。蛱蝶的前足退化成毛刷状，不适于行走。蛱蝶幼虫大多无毛，一般有毛状或者分叉的刺。幼虫化蛹时会倒立悬挂，形成悬蛹。生活在美洲热带地区的大闪蝶颜色非常绚丽，而黑脉金斑蝶（大王蝶）能够迁徙飞行数千千米。另外，这种蝴蝶具有一定的毒性。

荨麻蛱蝶

命　名

在德国，只有很有名的蝴蝶才会有德文名称。国际上通用的科学名称是由物种的拉丁文属名和种名组成的。例如优红蛱蝶（见上图）的拉丁文名称是 Vanessa atalanta。属名“Vanessa”（红蛱蝶属），实际上也是其他蛱蝶种类的属名，例如小红蛱蝶（拉丁文名称为 Vanessa cardui Linnaeus）。只有通过优红蛱蝶的种名“atalanta”，才能清晰地确定它在自然系统中的分类。

红蛱蝶的分类示例：

界：动物界	总科：蝶类总科
门：节肢动物门	科：蛱蝶科
纲：昆虫纲	属：红蛱蝶属
目：鳞翅目	种：红蛱蝶

灰　蝶

这一科蝶类除了小灰蝶外，还包括翠灰蝶和火灰蝶。世界上约有 5 000 种灰蝶，其中的大多数都生活在热带地区，在中欧地区生活的灰蝶有 50 种左右。中欧地区的雄性灰蝶的特征非常明显，很容易就能识别，灰蝶成虫的翅膀的正面通常散发出一种金属质地的蓝色荧光，而雌性灰蝶则不同，一般呈深褐色。翠灰蝶的后翅向后延伸，呈尖状。灰蝶吸食花蜜和蚜虫分泌的甜液，雄性个体还吸食含盐的汁液。灰蝶幼虫多为扁平的节状结构，这些幼虫与蚂蚁的关系非常紧密，因为有几个种类的灰蝶会在蚂蚁的巢穴中化蛹。野外生存的灰蝶通常会在其食用的植物上结成缢蛹。

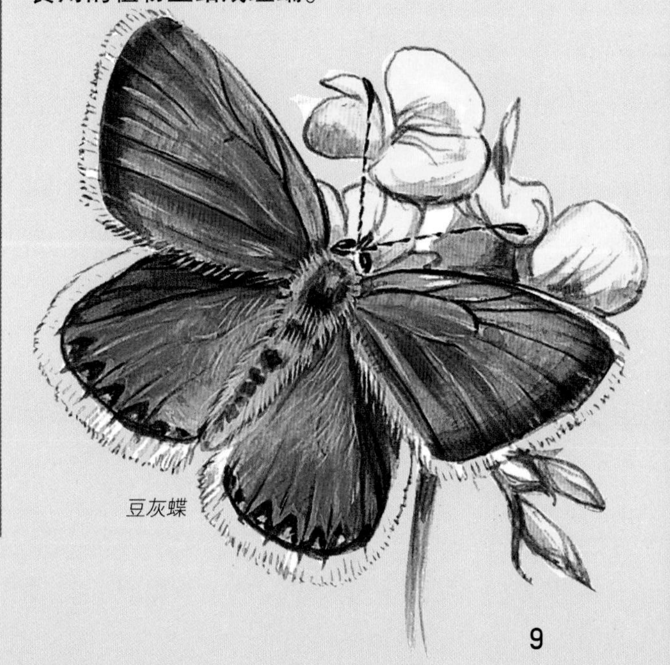

豆灰蝶

蛾类——天蛾、尺蛾……

谷 蛾

衣蛾

世界上约有 3 000 种谷蛾，其中有 75 种生活在中欧地区。谷蛾科昆虫的颜色暗淡，头部和触角上有竖毛和鳞片。谷蛾的喙管已经退化。谷蛾幼虫的身体呈白色，在自然界中以菌类、苔藓或者植物和动物的腐烂物为食。谷蛾幼虫经常将食物颗粒搭建成管状或者卵形小室，并在小室里化蛹。如果生活在人类的家中，谷蛾幼虫会对一些物品和储存物造成损害。

蓑 蛾

小蓑蛾

世界上约有 1 000 种蓑蛾，在中欧地区生活的蓑蛾有 75 种。许多蓑蛾的性别标志非常明显，雄性个体一般具有飞行能力，而雌性成虫通常无翅、无触角、无四肢。蓑蛾幼虫肥大，身上常常背着一个由树皮、碎叶、沙土和茧丝组成的“小睡袋”，它们在这个小睡袋里化蛹，而雌性蓑蛾还会在这个小睡袋里交配产卵。

斑 蛾

我们所认识的斑蛾共有 1 000 多种，其中有 30 多种生活在中欧地区。这种蛾类喜爱花朵，在白天活动，翅膀呈金属光泽的绿色或者黑红色。斑蛾飞行速度缓慢，能发出“嗡嗡”声，在静止的时候，翅膀会收起来向下倾斜，很像屋脊的形状。斑蛾幼虫粗胖，多为黄色或者绿色，具有毒性，常在植物上结茧化蛹。

斑蛾

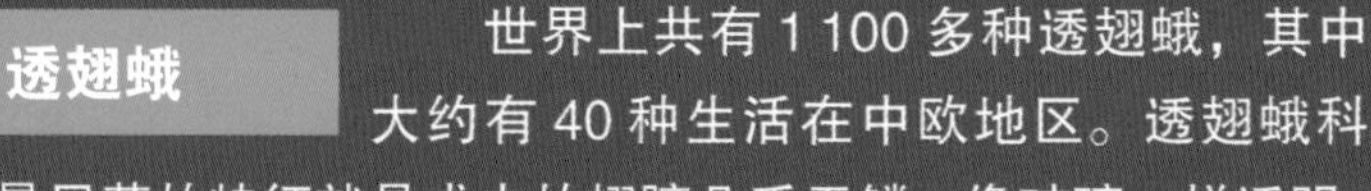

透翅蛾

大黄蜂蛾

世界上共有 1 100 多种透翅蛾，其中大约有 40 种生活在中欧地区。透翅蛾科昆虫最显著的特征就是成虫的翅膀几乎无鳞，像玻璃一样透明。透翅蛾的躯干大多呈黑黄色，而且主要在白天活动，因此，这种蛾类总是让人误以为是黄蜂和蜜蜂。透翅蛾的白色幼虫喜欢在木头、植物的根、种子和茎秆中钻孔，对一些经济作物危害极大。

卷叶蛾

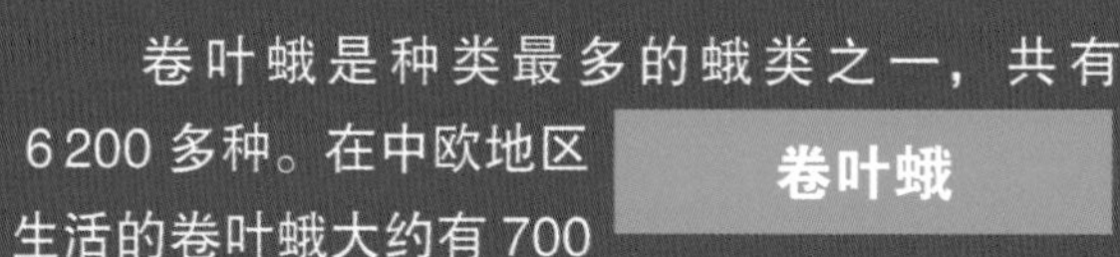

卷叶蛾是种类最多的蛾类之一，共有 6 200 多种。在中欧地区生活的卷叶蛾大约有 700 种，体形较小和较大的卷叶蛾都很常见。这种蛾类前翅宽大，几乎呈方形，在静止的时候，会把翅膀放在躯干上，呈屋脊状。卷叶蛾幼虫喜欢啃食植物的叶片，或者钻进茎秆和果实里，有的把自己裹在叶片里，吐丝做茧。中欧地区大多数的卷叶蛾都在夜间活动，也会危害经济作物。

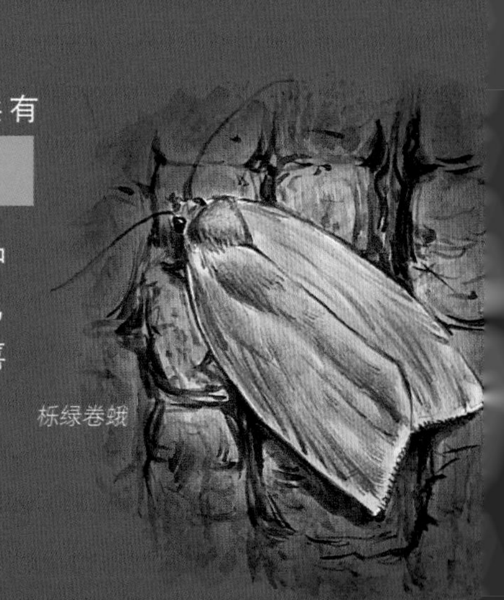

栎绿卷蛾

螟蛾

世界上共有 16 000 多种螟蛾，其中只有 300 多种生活在中欧地区。螟蛾体形较小，色彩暗淡，翅膀通常为三角形，静止时，翅膀折叠起来就像屋顶一样，以便能够使身体卷起或者展开。螟蛾的生活方式极其多样：有些螟蛾幼虫喜欢啃食树叶，在树木、植物茎秆、根、果实或者植物瘤中钻孔，还有一些幼虫喜欢傍水而居或者在蜂巢中安家，甚至有些幼虫会捕食其他的小生物。有些热带螟蛾成虫还会吸食泪水和血液。许多螟蛾幼虫会危害经济作物，还会对多种储藏物造成危害。

夏枯草展须野螟

天蛾

世界上共有 1 200 多种天蛾，它们大多数都生活在热带地区，只有 30 多种生活在中欧地区。这种蛾类的身体粗大，呈纺锤形，前翅狭长，后翅大多较小。天蛾飞行速度很快，并且能够持续飞行。天蛾能悬停在空中，用长长的喙管吸食花蜜，而不需要落在花朵上。它们的幼虫身体光滑，多为彩色，在身体尾部几乎都长有一个非常明显的角。

水蜡树天蛾

尺蛾

全世界共有 21 000 多种尺蛾，其中有 400 多种生活在中欧地区，尺蛾科昆虫是地球上第二大鳞翅目种类。尺蛾多在夜间活动，其体形较为纤细，尺蛾成虫的翅膀宽大圆润。尺蛾幼虫身体纤细无毛，很多种类与植物枝条相似，不仅有前足和尾肢，还有一对腹足。尺蛾幼虫前行时的动作非常特别，身体会交替伸展和收缩，所以称为尺蠖或步曲。

醋栗尺蛾

夜蛾

夜蛾是世界上种类最多的蛾类，也是鳞翅目中最大的种类，约有 35 000 种，在中欧地区共有 500 多种。夜蛾的种类繁多，既有体形极小的种类，也有翅展极大的蛾类——强喙夜蛾。夜蛾科昆虫多在夜间活动，喜欢在植物的花朵上吸食汁液。其前翅的特征非常明显，与树皮的样子十分相似，颜色灰暗，而后翅多为彩色。夜蛾的躯干多鳞片，有毛。夜蛾幼虫大多身体都非常光滑，而且形状多样，有些种类也可能长有毛丛，并且具有伪装色或者呈彩色。

杨裳夜蛾

深红虎蛾

虎蛾

全世界共有约 3 000 种虎蛾，其中大多数生活在热带和亚热带地区。虎蛾与夜蛾的体态很像，但与夜蛾不同的是，虎蛾的前端触角十分粗厚。虎蛾主要在白天活动，喜欢吸食水和花蜜。虎蛾的幼虫色彩绚丽，并长有明显的斑纹和长而密的毛簇，它们通常会在地表土中化蛹。

身体与感官

鳞翅目昆虫的身体构造是怎样的?

鳞翅目昆虫身体的基本构造与所有其他昆虫的并无不同，都由头部、胸部和后腹部三部分组成。头部的组成结构包括眼睛、触角、喙和其他口器。此外，鳞翅目昆虫的脑也在头部。胸部共由三部分组成，每一部分上都长有 1 对下肢（腿），后边的两部分由关节相连接，而鳞翅目昆虫的 2 对翅膀就长在这两部分上。由于用于飞行的肌肉组织生长在胸部中间，所以胸部尤其发达。鳞翅目昆虫的后腹部呈圆筒形或纺锤形，共分 10 节，一些非常重要的器官就集中在后腹部，例如心脏、肠、神经、呼吸道、排泄和生殖器官等。肌肉组织附着的骨骼结构位于身体表面，可弯曲的关节将外壳的众多不同的结构连接在一起。这层坚固的外壳（角质层）防水且不透气，能够把整个身体严实地包裹起来，包括头部、腿部、触角和眼睛。

触角
头部
喙
胸部
腿
后腹部

幼虫的身体包括哪些部分?

鳞翅目昆虫的幼虫大多都呈圆柱形，有一些则与蜗牛的样子很相似。它们的体形非常匀称，身体主要由坚硬的头部、3 节胸部和 10 节不太明显的后腹部组成，其中胸部和后腹部的区分并不是很明显。

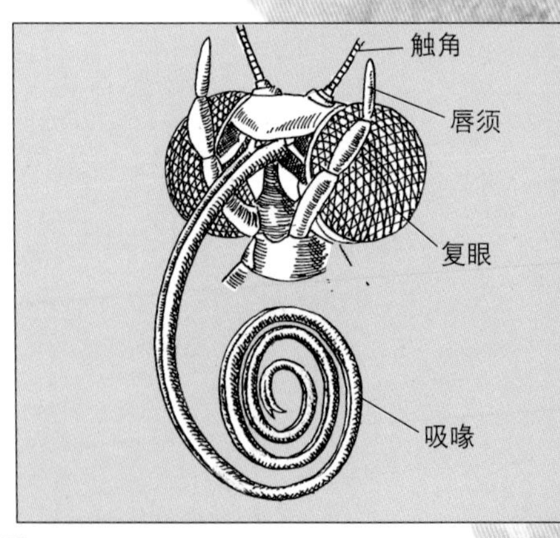

皇蛾是翅膀最大的鳞翅目昆虫

豆灰蝶是中欧地区最小的蝶类之一

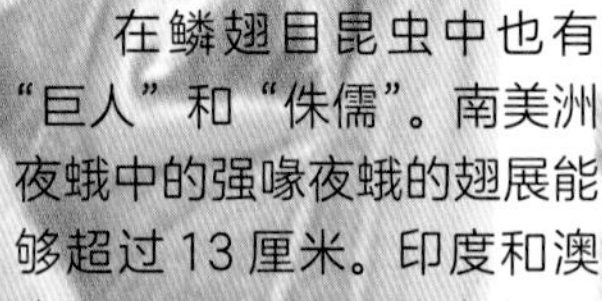

“巨人”和“侏儒”

在鳞翅目昆虫中也有“巨人”和“侏儒”。南美洲夜蛾中的强喙夜蛾的翅展能够超过 13 厘米。印度和澳大利亚一些地区的皇蛾翅膀展开之后的面积能够达到 300 平方厘米，甚至能够完全盖住小开本的学生练习册，因此，皇蛾是名副其实的翅展面积最大的鳞翅目昆虫。还有一些热带蝴蝶的翅膀在展开之后也能够达到 20 厘米的长度，而世界上最小的微蛾翅展只有 1.5 毫米。

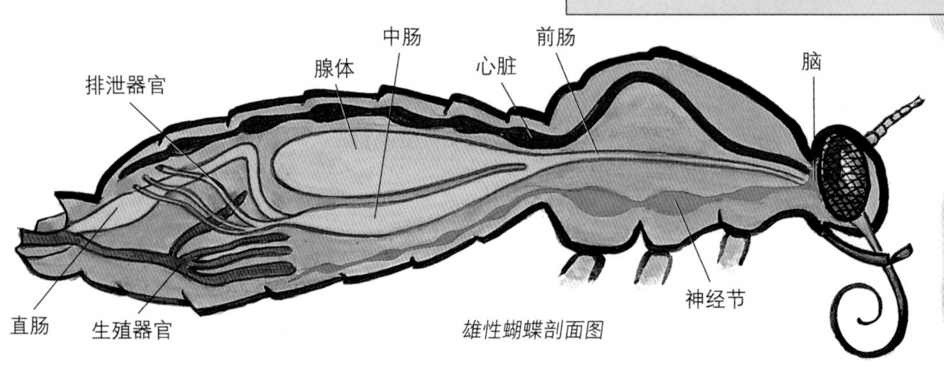

雄性蝴蝶剖面图

新鲜空气通过呼吸系统进入鳞翅目昆虫或者其他昆虫的体内。它们的前胸两侧下方各有 1 个气孔，后腹部的第一节到第八节上都有 1 对气孔，气孔后面就是我们所说的气管。气管上有大量的分支结构，所有的器官都被这些最微小的气管缠绕着。蝴蝶的后腹部可以交替收缩和伸展，从而将新鲜的空气吸入气管内。

幼虫剖面图

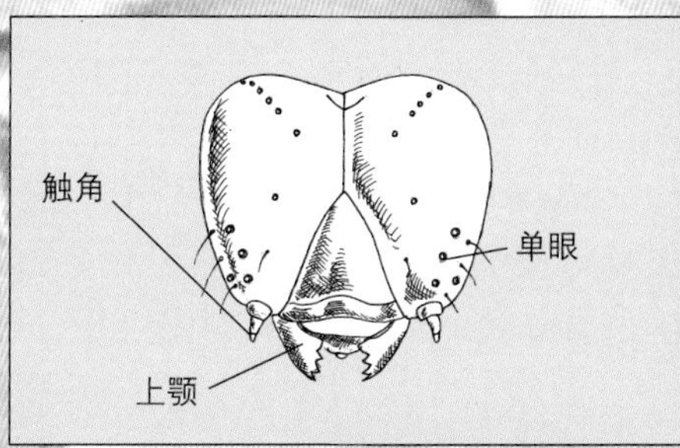

幼虫会用强有力的上颚撕咬食物。丝腺的开口位于下唇上。头部长有短小的触角，其侧面就是弧形排列的单眼，最多可达6个。胸部分3节，每一节上都有 1 对胸足。后腹部的前两个腹节上没有足，后面连在一起的 4 个腹节上有腹足，最后的腹部结构上有 1 对尾肢。躯干部分的皮肤柔软，一般不显眼，但也有可能是彩色的。生活在植物内、泥土里或者水中的鳞翅目幼虫大多身体光滑，而在野外生存的幼虫通常长有刺、毛突、刚毛或者毛簇。

鳞翅目昆虫是如何用喙管吸食花蜜的?

几乎所有的鳞翅目昆虫的成虫都以液体为食，而且大多数吸食花蜜。它们会用头部下方的喙管取食，而在安静的时候就会把喙管卷成螺旋状。喙管是由两个互相紧密咬合在一起的分管组成的，而这两个分管又是由下颚演化而来。蝴蝶和蛾在取食时，由于受到肌肉和血压的作用，它们的喙管会伸直，不取食的时候喙管就盘卷起来。喙管最下面 1/3 部分可以弯折，展开就能够吸食花蜜。这种可以伸直和卷曲的喙管为鳞翅目昆虫所特有，叫作虹吸式口器。喙管的尖端非常灵敏，鳞翅目昆虫甚至能够通过喙管

休息时，蝴蝶会把头部下方的喙管卷起来

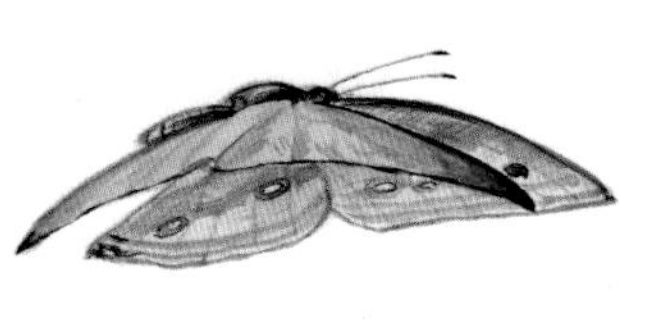

南美大闪蝶拍打翅膀时各种优美的姿态

辨别味道。因此，它们轻易就能搜索到相邻花朵中的花蜜。鳞翅目昆虫咽喉部位发达的肌肉会帮助它们把花蜜吸入食道中。消化道的前部变宽成为一个可以扩张的腺体，能够存放大量的液汁。有些种类的喙管退化或者已经完全消失，所以它们的成虫就不会再进食了。

蛾一般会把翅膀放在躯干上，形状像屋脊，或者展开平放于身体背面。例如图中的这种班蛾

蝴蝶一般会把翅膀合拢竖立于身体背面。例如图中的菜粉蝶

鳞翅目昆虫是如何飞行的?

翅膀是鳞翅目昆虫最重要的运动器官。一些较为原始的鳞翅目昆虫拥有两对形状相似的翅膀，不过大多数种类的前翅会相对较长。蛾类通过突起或者刺毛把前翅和后翅连接在一起，所以飞行时前后翅拍打是同步的。而蝶类昆虫没有这种连接结构，它们在飞行时会同时振动前后翅。蝴蝶在飞行时更加飘忽不定，它们每秒钟拍打翅膀 10~15 次。有一些蝴蝶在上升的气流中不必拍打翅膀，也能够滑翔半分钟之久。弄蝶和蛾在飞行时能够发出嗡嗡的声音，它们每秒钟拍打翅膀的次数可达到 40~90 次。鳞翅目昆虫在静止时翅膀的形态非常有特点，蝴蝶会把翅膀竖起来“背”在背上，尺蛾则会把翅膀展开放平，微微向后倾斜。许多夜蛾还会把翅膀放在躯干上，就像屋脊一样。

天蛾拍打翅膀的频率相当高，所以可以像蜂鸟一样悬停在花朵旁边，用长长的喙管吸食花蜜。长喙天蛾每秒钟拍打翅膀的次数多达 85 次

鳞　片

即使鳞翅目昆虫翅膀上所有的鳞片都没有了，它们依然可以正常飞行，科学家们使用人造的无鳞蝴蝶在风洞中进行的实验已经证明了这一点。不过，与有鳞的蝴蝶相比，无鳞蝴蝶所受到的空气浮力会减小，最多可减少到1/3。可能是蝴蝶的鳞片会使翅膀附近的空气产生更大的浮力，从而使飞行更为省力。在自然条件下，蛾进行初次飞行时会损失大部分的鳞片。

蛱蝶的第一对足退化成状似毛刷的“毛足”，不具有步行能力

为什么有些鳞翅目昆虫用四条腿站立？

大多数鳞翅目昆虫的腿并不是用来行走的，而是用来固定身体和打扫卫生的。与其他昆虫一样，鳞翅目昆虫也有3对纤细的腿，而每条腿也是由五部分组成：基部、转节、腿节、胫节和分为5节的跗节。跗节上长有2个足钩，而在跗节末端还有1个吸盘。很多蝴蝶会把前腿弯曲放在身体下方，前腿看起来就像没有爪子的“毛足”一样，并不适于行走。鳞翅目幼虫位于胸部的足上有趾钩，而且在第6节至第9节的躯干上有4对不分节的腹足，身体的末端还有1对强有力的尾肢。腹足的足底呈环状，侧面被很多细小的钩爪包围。幼虫通过腹足能够牢牢地附着在地面上或者环抱在植物上。尺蛾幼虫和一些生活在植物内部的鳞翅目幼虫的多对腹足，甚至所有腹足都已退化消失了。

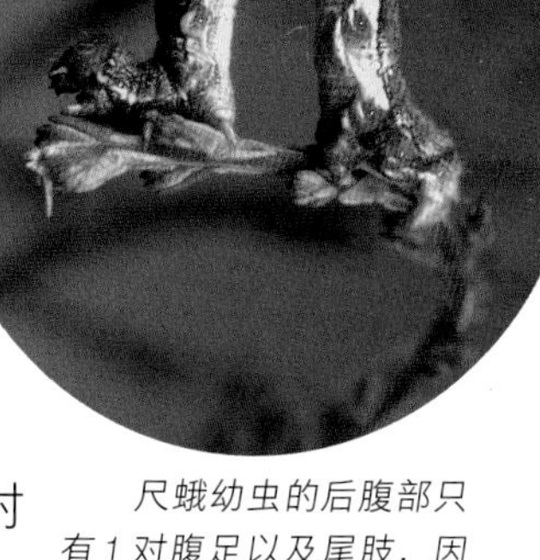
尺蛾幼虫的后腹部只有1对腹足以及尾肢，因此它们能够隆起身体向前蠕动爬行，这也是尺蛾幼虫最典型的特征

鳞翅目幼虫用胸足和腹足能够在植物上“行走”自如

腹足是腹节的指状外翻结构。在足底边缘有很多细小的壳质小钩，能够使其具有很强的抓附能力

背景图：鳞翅目昆虫的翅膀上有无数的角质鳞。鳞片表面这些极微小的组织结构只有用高倍显微镜才能看清楚，正是由于这些结构的存在，大闪蝶的翅膀在阳光下才会呈现蓝色的金属光泽

为什么鳞翅目昆虫的鳞是彩色的?

鳞翅目昆虫的鳞就像屋顶上的瓦片一样，覆盖在它们的翅膀、躯干和腿上。对它们而言，鳞可以说是另一种形式的毛发，只不过非常平整。它们身上的鳞不仅有片状的，也有毛发状的，长度在 0.04 毫米到 0.8 毫米之间。我们知道它们的幼虫通常都长有彩色的毛丛，毛丛中的色素来自它们吸收的营养物质或者是由自身合成的。它们的成虫会用一种特定的方式将色素储存在鳞片中，所以鳞片就是彩色的。

有一些呈金属光泽的鳞片本身是没有颜色的，这种鳞片具有一种只有在显微镜下才能看到的结构，这种结构在光下会产生干扰现象，使之看起来有颜色，就像油膜在水面上一样，从而产生金属光泽的蓝色、绿色或者其他可见光的颜色。鳞翅目昆虫除了拥有彩色鳞片外，有些种类还有发香鳞片和感官鳞片。

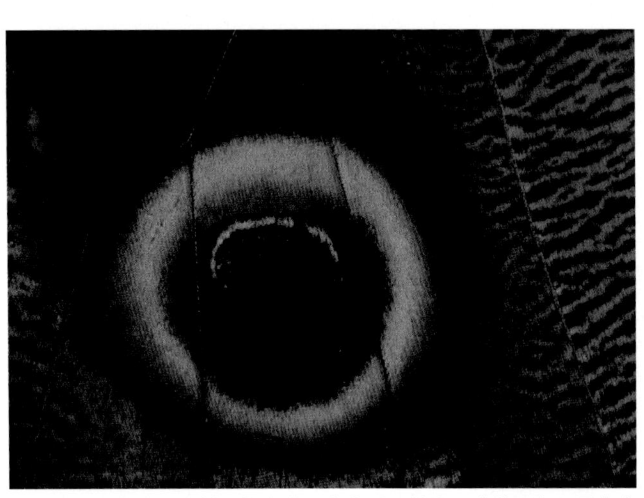

南美洲的猫头鹰蝶后翅上的彩色角质层鳞片形成的眼斑，看上去与猫头鹰的眼睛惊人地相似

蝴蝶（此处为金凤蝶）的鳞片大多数为片状结构，每个鳞片上有 3~5 个尖角，通过鳞片末端的细柄插在身体表面上

幼虫的丝是从哪里来的?

鳞翅目昆虫的幼虫能够吐丝结成丝质的小室或者蛹茧。它们也会吐丝作为足垫，使自己能够平稳地在树叶上行走，不至于在吃东西的时候掉落下来。幼虫还能用丝制成柔软的细绳，帮助自己逃脱天敌的追捕，或者在化蛹时用细绳将自己吊起来，固定在植物上。毒蛾的幼虫附着在丝线上能被风带到数千米之外的地方。丝实际上是丝腺的分泌物，而丝腺又是昆虫的唾液腺衍化而成的，两条腺体管的长度可达到身体长度的数倍。幼虫在下唇处从丝腺中吐出液态的丝，这种物质一接触到空气就会凝固硬化。

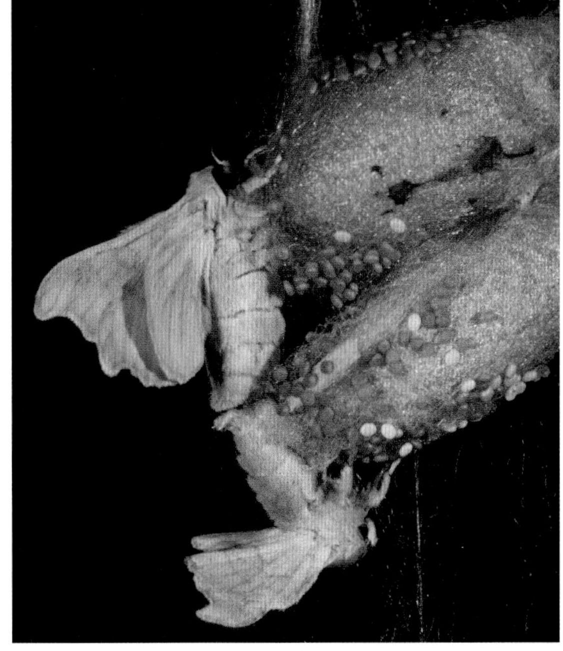

交配中的蚕蛾：雌性蚕蛾释放出一种芳香物，即蚕蛾性诱醇，从而吸引雄性蚕蛾

夏季换装

蜘蛱蝶的颜色是由白昼的时间长短决定的。这种蛱蝶在早春时节产下橙色的卵，经过漫长的夏天，卵发育成为幼虫，幼虫化成蛹，几天之后，第二代蜘蛱蝶就破茧而出了。这一代蜘蛱蝶的颜色暗淡，不如上一代的颜色鲜艳。而它们的幼虫会经历短暂的初秋时光，随后会在蛹里待上数月之久，度过寒冬，并在第二年的春天羽化成蝶。

春天的蜘蛱蝶（上图）和夏天的蜘蛱蝶（下图）

香腺有什么作用?

香腺在许多鳞翅目昆虫寻找配偶的过程中具有不可替代的作用。有些雌性蛾类能够用自己的“香味”吸引远在数千米之外的同伴；而雄性个体也能释放出一种特有的香味（大多只能在近距离范围内起作用），主要用于确定雌性配偶。鳞翅目昆虫同类之间通过芳香物（化学物质）传递信息，而这种芳香物是在香腺中生成的，它们通过一些鳞片或者直接通过表皮释放到空气中。这些能够散发香味的鳞片分布于翅膀上，一般呈带状或者斑状结构。很多蛾类的香腺在腹节之间并向外翻出，雌性蛾类会把后腹部向上翘起，从香腺中释放出香味。香腺也可能位于翅膀的褶皱内、触角上、胸部或后腹部，有些蛾类的香腺甚至可能位于腿部。

腹神经系统是如何工作的?

鳞翅目昆虫借助感觉器官收集周围环境和自身的信息，感觉器官接收到刺激，并将其转化为电脉冲信号，同时还能捕捉人类无法感知的光、声音和气味等信息。具有感知作用的极微小的体毛和鳞片会尽量向外伸展，方便测量环境温度、空气湿度或者接触信息。神经以电脉冲的形式传输这些环境信息，然后由大脑对其进行处理，并向肌肉发出指令。昆虫的神经系统与绳梯的结构非常相似，大量的神经细胞位于头部，这些细胞构成脑。沿着消化道直至身体的末端有许多膨大的神经节，每一段的肠道下方都有一对神经节，这一对神经节与相邻的神经节连在一起。鳞翅目昆虫的神经节会集合成为较大的控制中枢，通常在胸部只能看到两个神经节，而在后腹部则会发现有 4~5 个神经节。

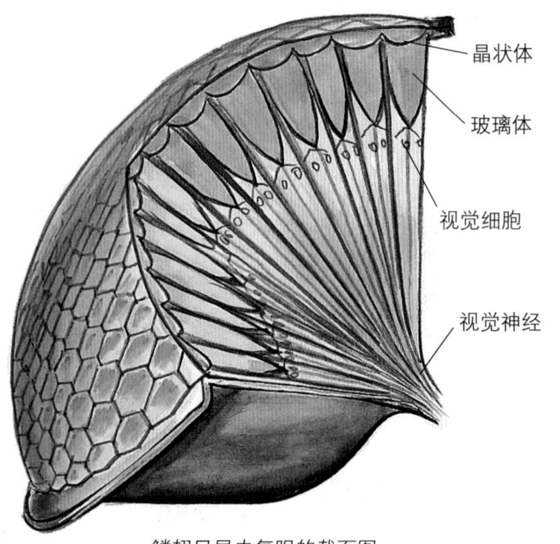

鳞翅目昆虫复眼的截面图

鳞翅目昆虫的复眼由成千上万个单眼组成

鳞翅目昆虫能看见颜色吗?

鳞翅目昆虫头上大大的复眼非常显眼，尤其是一些在夜间活动的种类，它们的眼睛就更加特别了。复眼是由成千上万个六边形的单眼组成的，每个单眼都是一个独立的感光单位，这样每个单眼都会独立生成一幅图像，然后由大脑将图像汇总，就拼合成一幅完整的图像。人类的眼睛只能识别红、蓝、绿这三种基准色，而日本的柑橘凤蝶却能够分辨五种不同的颜色，这种蝴蝶还能够辨识紫色光线和紫外线。在黄昏和黎明，人类往往只能分清明暗，但是蛾类却可以分清不同的颜色。鳞翅目昆虫对图像的分辨能力远远超过了人类。人类每秒钟能够分辨的移动图像在 18 幅到 20 幅之间，而有一些

一起做：灯下捕蛾

人造灯光能够影响蛾类的方向感。我们也可以利用这一点来捕捉蛾类，对其进行近距离观察。傍晚的时候，在室外可以挡风的地方放置一块浅色的毛巾，并在毛巾上方 2 米左右处悬挂一盏强光灯，最好使用荧光灯管。在没有月亮且无风的夜晚或者雷雨来临前夕，就能够捕获到大量的蛾类。当然，捕获的数量也会随着季节和环境的变化而不同。如果使用的是一盏没有接通电源的荧光灯，那么昆虫就不会有任何反应。

黑光灯是针对蛾类的人造光源。在自然界中，昆虫会把太阳和月亮发出的光作为指南针。如果昆虫朝发光体飞行的路线和角度保持不变，那么昆虫就能够保持直线飞行。但是在照明灯附近时，昆虫却只能盘旋飞行，因为灯光使昆虫失去了方向感，就像失明了一样。

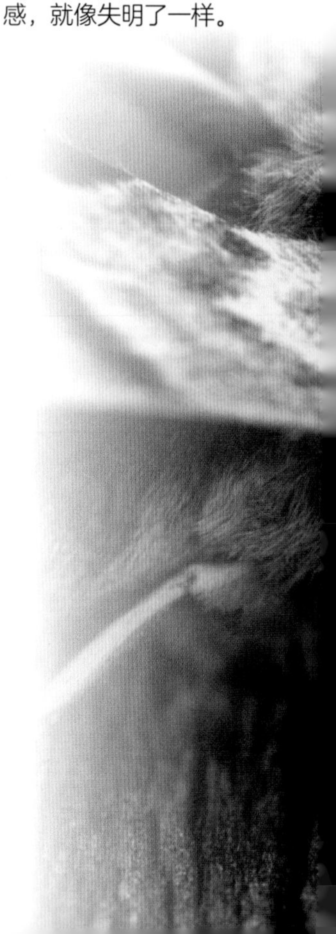

鳞翅目昆虫分辨单幅图片的能力是我们的10倍。它们分辨单幅图片所用的时间只有我们的1/10。

皮肤上的眼睛

黄翅蝶幼虫的眼睛即使被遮住了也能够辨别明暗。如果我们在黄翅蝶幼虫身后将光源移动位置，那么它会绕着自己身体的纵轴转动，并按照灯光的位置进行调整，这是因为黄翅蝶幼虫皮肤中的感光细胞在发挥作用。成年的蝶类一般在生殖器官透明的表皮下方有类似的“光传感器”，它们对交配和产卵具有重要的作用。

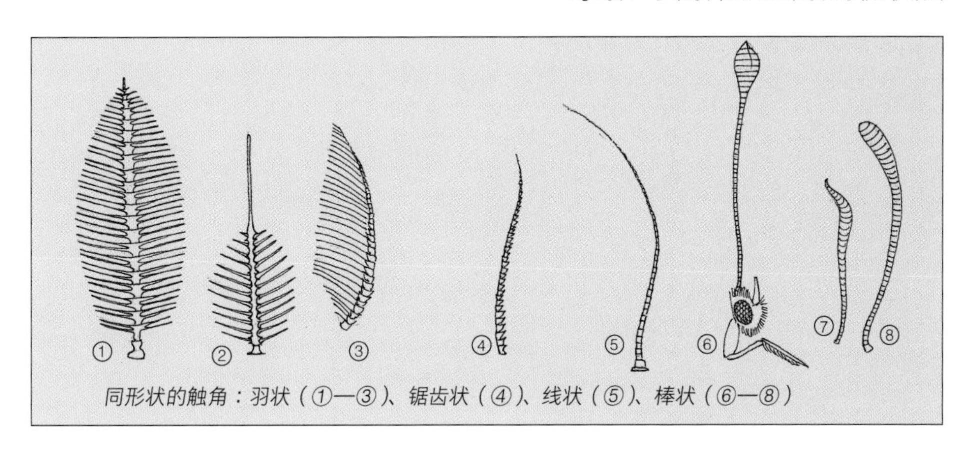

同形状的触角：羽状（①—③）、锯齿状（④）、线状（⑤）、棒状（⑥—⑧）

鳞翅目昆虫如何感知气味?

鳞翅目昆虫的嗅觉器官位于触角上。蝶类的触角呈棒状，尖端有一个粗柄。蛾类的触角具有不同的形状，有时候性别不同，触角的形状也会各不相同。蝙蝠蛾的头部长有短小的刚毛状触角，长角蛾的触角非常长，呈线状。触角一般分为多节，数量不等，可能是7节，也可能有100多节。

毒蛾、蚕蛾和天蚕蛾的梳状触角和羽状触角尤其特别。同类释放出的芳香物会通过毛发状、刚毛状或者孔状感觉器官上的小孔渗入昆虫体内，而蝶类的感觉器官一般位于触角末端。蛾类的羽状触角上具有成千上万的气味感知绒毛，能够像渔网一样从空气中捕捉同类雌性个体释放的气味。

蛾类用自己的触角寻找花朵和交配对象

下图：蛾类的触角被成千上万个微小的感觉绒毛覆盖着，这些绒毛只有在高倍显微镜下才能看到

上图：蝴蝶触角上对气味敏感的感觉器官

蝴蝶能够很好地分辨色彩，同时通过形状和气味识别有营养的植物，还可以借助腿部的味觉器官来寻找花蜜

鳞翅目昆虫如何识别食物?

花朵的颜色和气味能够吸引蝴蝶和蛾，有时候汗水、蜜汁、树木的汁液和其他物质也会吸引这些鳞翅目动物。被吸引而来的蝴蝶会首先品尝一下食物的味道。负责鉴定味道的感觉器官位于口器上，大多位于喙管末端。许多蝴蝶落到花朵上之后，不需要把喙管卷起来就能够辨别出味道，确定这是不是符合自己口味的食物，因为在蝴蝶跗节的下部具有感觉绒毛，这些绒毛往往比喙管末端的味觉器官更加灵敏。鳞翅目昆虫的幼虫则会先尝尝食物的味道，以此来确定是不是自己想要的食物。昆虫们只有在找到了最合适的食物后，才会放开胃口大吃一顿。

鳞翅目昆虫有听觉吗?

很早以前，人们就已经验证了蝴蝶会对高音做出反应：停歇的蝴蝶会飞走，正在飞行的则会突然坠落或者改道“逃走”。不过，鳞翅目昆虫的听觉器官很少长在头部，可能分布在身体的任何部位，例如

一起做：听力测试

在温暖的季节，蛾类经常会闯入明亮的房间。如果这些飞蛾躲到阴暗的角落里，我们就可以测试一下它们的听力。靠近飞蛾，与它们保持几米远的距离，将一个打磨过的玻璃塞插到玻璃瓶里，弄出一种刺耳的声音。这个时候，安静地蹲在角落里的飞蛾就会飞走，而正在飞行的飞蛾要么坠落，要么飞得更快。这个实验可以重复多次。在自然界中，这只是昆虫对超声波定位系统（类似于蝙蝠）发出探测波后做出的逃跑反应。

歌　声

一些温暖地区的蛾类经常会发出咯咯声、咔嗒声、蟋蟀般的唧唧声，甚至像老鼠一样的吱吱声。它们会使用三种不同的方式制造声音：用腿或者触角在翅膀或后腹部的边缘上摩擦发声，敲击胸部的鼓膜发声，以及从喙管中喷出空气来发声。有些鳞翅目昆虫发声的原因目前还不清楚，可能是用来防御天敌的袭击，也可能是用来寻找配偶。

借助高度灵敏的触角，雄性皇帝蛾可以嗅到同类雌性个体在数千米之外释放的气味

蝴蝶交配：雄性蝴蝶首先会通过颜色和飞行动作辨认雌性同伴。在发情期，气味的作用也非常重要

“女士香水”

刚刚羽化出来的雌性天蚕蛾释放出的气味，能够在几个小时内引来上百只雄性天蚕蛾。这是由于雄性天蚕蛾对雌性个体所释放的气味非常敏感。在雄性个体的触角上有成千上万个感觉细胞，它们只会对这种物质产生反应。

胸部、腹部、翅膀、口器处等。夜蛾、舟蛾和灯蛾的鼓膜位于胸部侧后方，尺蛾和螟蛾的鼓膜则位于后腹部下侧。蛱蝶的“耳朵”长在前翅翅脉的泡状突起上。

有些天蛾还能用极其特殊的下唇须听到超声波。夜蛾的浅白色鼓膜位于第三胸节的侧面，我们用肉眼就能看见。

鳞翅目昆虫长长的鳞片状绒毛和外壳，覆盖在圆形或者椭圆形紧绷着的外皮上，这层外皮是由柔软的角质层构成的，声波能够使其产生振动。在角质层的内部，感觉器官会对鼓膜的振动进行测量分析，并将信息传输至神经系统。

鳞翅目昆虫的卵是如何产生的?

雄性鳞翅目昆虫的精细胞在生殖腺中形成，并会储存于输精管中的精囊内。在进行交配时，雄性个体会将把握器连接到雌性个体的尾端，然后把精囊推入雌性配偶的交配囊中。大多数雌性个体的交配囊在第八腹节的位置上，都有一个与产卵孔分离的交配孔。

在雌性个体的交配囊中，精子会被释放出来，接着被储存在储精囊中。披着蛋白质外壳的卵子在卵巢中生成，卵子通过输卵管与储精囊中的精子结合，就完成了受精，然后从产卵孔排出体外。雌性个体黏液腺的开口也位于产卵管中，通过黏液腺分泌的“胶状物”，雌性个体可以将卵固定于产卵口。结构非常复杂的生殖器官是确定鳞翅目昆虫种类非常重要的依据。

发 育

鳞翅目昆虫如何寻找配偶?

成年鳞翅目昆虫的主要任务就是在同类之中找到一个合适的交配对象，并生育下一代。同类之间一般会通过视觉信号和听觉信号或者气味相互识别。有些种类的雄性蝴蝶会用不停的飞行来寻找雌性伴侣，而有些则会在自己的生活区或者聚集区等待雌性蝴蝶的到来。

雄性蝴蝶在很远的距离外就已经开始注意雌性蝴蝶的外貌、颜色和飞行动作。雌性蛾类往往通过气味吸引雄性蛾类。

如果一对蝴蝶相互接近，那么气味和发情期的行为对于即将发生的交尾也是非常重要的。当找到了合适的交配对象，雄性蝴蝶通常会先落到雌性蝴蝶身边，并开始交尾。

蝴蝶的交配可能会持续几个小时，交配期间雌性蝴蝶和雄性蝴蝶的头部会分开。

雄性绿豹蛱蝶（上图）在发情期时会利用前翅上芳香鳞中发出的性诱芳香物诱惑雌性蝴蝶（下图）

变态过程

卵

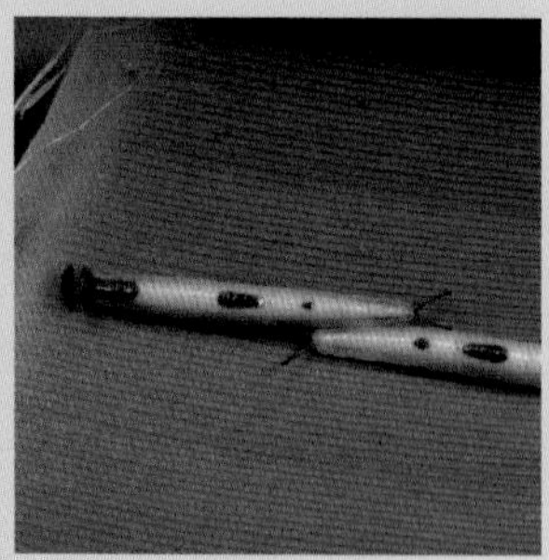

幼虫

蛹

成虫（猫头鹰蝶）

蝴蝶属于昆虫纲鳞翅目，是完全变态昆虫的一种，因为鳞翅目昆虫的幼体与其母体的形态完全不同。在交配后，雌性个体会将体内的受精卵产到一个适宜的地方，然后小小的幼虫会从卵中孵出来。当幼虫慢慢长大，它们就会蜕去变小的外壳，再长出一件新的“外套”，这个过程会重复多次。在蜕皮和蜕皮之后的一段时间内，幼虫对外界的干扰非常敏感。经过多次蜕皮之后，幼虫就会变成表面硬化的蛹，并在蛹壳里逐渐发育到成虫阶段,即变成蝴蝶。当蝴蝶从蛹中破壳而出后，一次新的循环就重新开始了。蜕皮和化蛹的过程会受到荷尔蒙和外界环境的影响。

鳞翅目昆虫一次最多能产多少颗卵?

交配之后，雌性个体开始寻找一个安全的场所，既能保护卵免受恶劣气候的影响和天敌的攻击，又便于为幼虫提供食物。大多数情况下，雌性个体会一个一个地将卵产下来或者直接成批地产卵。它们通常把卵产在食物上，例如植物叶片的背面，而一次产卵的数量可能达到数百颗。这些卵可能均匀分布，在叶子上形成一个整齐的平面，也可能以不规则的形式堆成一堆。许多种类会用活动的后腹部把卵藏在地面的裂缝中和树皮的缝隙中，或者直接在植物上钻孔，把卵产在里面。棕尾毒蛾和黄尾毒蛾还会用一层毛保护自己的卵。产卵数量最多的鳞翅目种类是蝙蝠蛾，雌性蝙蝠蛾能够在飞行过程中产下 30 000 多颗卵，它们的幼虫会啃食植物的根。有些种类则只能产下数十颗卵，例如丁目天蚕蛾。

性别差异

许多鳞翅目昆虫的雄性个体和雌性个体在颜色和外形上会有差异，中欧地区的一些蝶类在性别特征上差异明显，尤其是灰蝶和粉蝶。一些翅膀退化、没有飞行能力的蛾类性别特征差异更大。有些雌性蓑蛾既没有翅膀，也没有腿，因此根本无法离开它们的蛹壳。

如何辨认鳞翅目昆虫的卵?

鳞翅目昆虫的卵形状极其多样，除了最常见的圆形之外，还有椭圆形、梨形、锥形、透镜形状和片状等。卵的长度大多在 0.5 毫米到 2 毫米之间，颜色可能是无色的，也可能是彩色的。

鳞翅目昆虫最大的卵直径超过了 3 毫米，其来源于多音天蚕蛾。鳞翅目昆虫的卵可能非常平滑，也可能呈凹陷状，或者呈网状，具有突起的条纹。卵上也可能带有薄薄的突起结构甚至星形的图案。

卵一开始往往是白色的，随着时间的推移逐渐变黑，这个时候，卵中的幼虫也会慢慢长大。幼虫在卵中的孵化时间一般会持续两到三个星期。

如果鳞翅目昆虫的产卵期在冬天，那么卵的孵化日期就会推迟到第二年的早春，而可作为食物的卵壳通常会是幼虫的第一餐。

蜘蛱蝶把卵产在植物叶片的背面，卵的形状很像倒置的尖塔

古毒蛾把卵产到茧的外面

带蛾把卵成批地产在树枝上

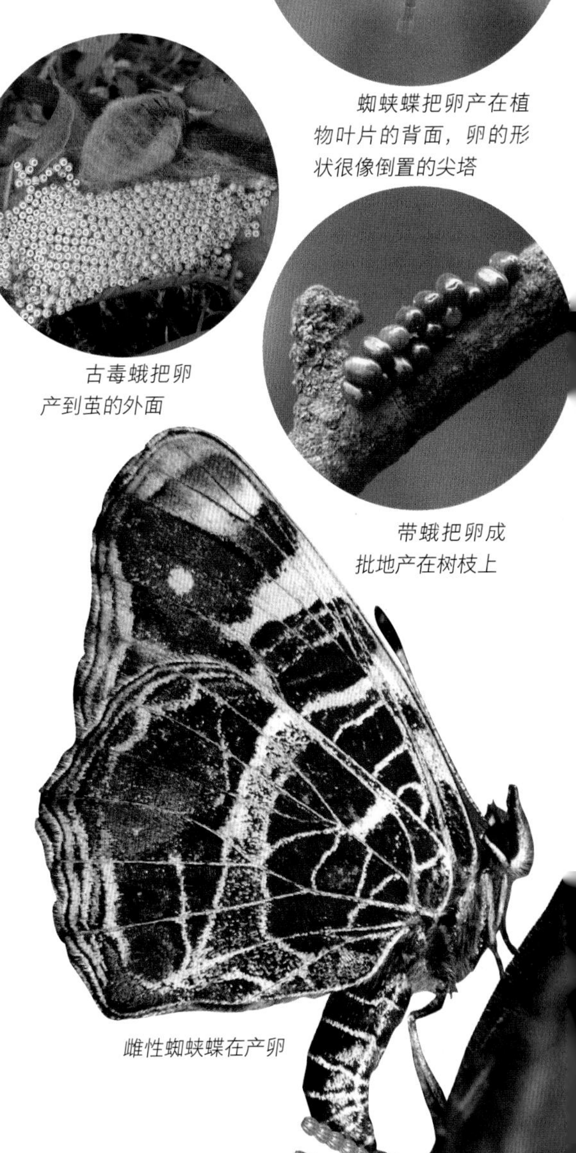

雌性蜘蛱蝶在产卵

猫头鹰蝶的幼虫正在从卵中孵出

在幼虫期，不同种类鳞翅目昆虫的外形和生活方式差异极大。幼虫的颜色为单色或者彩色的，表皮通常有绒毛和刺，也有一些是全身光秃秃的，甚至没有足。在幼虫期不同的发育阶段，它们的外形也会有非常大的差异。当幼虫逐渐长大时，它们必须多次蜕去几丁质的外壳。幼虫蜕皮的次数一般为 4~6 次，直到幼虫化蛹就不再继续蜕皮了。不过，网衣蛾幼虫蜕皮的次数能够多达 17 次。幼虫在蜕皮的同时会长出一个全新的、更大的外表皮。

大胃王

幼虫的食量非常大，因为幼虫进食是为了不断地长身体，为化蛹储存足够的脂肪，有些还必须为成虫储备足够的能量。模毒蛾会经历 8 周的幼虫期，在此期间，它可能会吃掉累计 13 米长的松针，相当于 300 枚松针。一直吃个不停的蚕蛾能够吃掉 26 克桑叶，体重会增加到其刚孵出时的 10 000 倍。

幼虫是如何发育的?

幼虫期是鳞翅目昆虫的成长期。许多鳞翅目种类只在幼虫阶段进食，在此阶段，它们的体形会变得肥大。幼虫期可能会持续 3 个星期，当幼虫处于越冬时期时，这一阶段可能会持续长达 9 个月，而一些喜欢在木头中钻孔或者生活在山区的种类的幼虫期甚至长达数年之久。

幼虫以什么为食?

大多数鳞翅目昆虫的幼虫以植物为食，并且多以植物的叶子为食。有些种类的幼虫也吃植物的花蕾、花朵和果实。也有一些幼虫吃

圆圈中的图片：弄蝶幼虫的头部与“颈部”分隔明显，非常容易识别。锦葵花弄蝶的“颈部”呈黑色，上面有黄色的斑点

古毒蛾的幼虫是中欧地区色彩最绚丽的幼虫之一

假蝴蝶卵长在南美洲的西番莲上，它们用小小的黄色花蕾或者其他部分模仿釉蛱蝶的卵。寻找食物的雌性釉蛱蝶会误以为这是同类产下的卵，而最先孵化出来的釉蛱蝶幼虫也不会吃自己的同类，所以假蝴蝶卵能够保护植物不被幼虫啃食。

菌类和腐烂的叶子。还有些幼虫喜欢在植物的茎秆或者根部，以及在木头中钻孔。谷蛾幼虫还会吃动物性的食物，例如皮毛。在蜜蜂的巢穴中生活着专吃蜂蜡和花粉残留物的特殊的鳞翅目幼虫。捕食性的鳞翅目幼虫也同样存在，甚至还有一些寄生在其他昆虫的身上。大多数情况下，幼虫只有在短暂休息和蜕皮时才会中断进食。

桦树叶片内部的叶脉已经被桦树细蛾吃光了

多数幼虫只以某些种类的植物为食，甚至有一小部分幼虫只吃一种植物，比如只吃桑叶的蚕蛾。

在开始进食前，饥饿的幼虫会先吃自己面前的植物，它们会先闻一闻植物的气味，然后再尝一下味道。有些种类的幼虫在大量聚集的时候，会对农业和林业造成重大的经济损失，例如Y纹蛾和黄剑纹夜蛾幼虫。

由于木头中的营养成分不多，芳香木蠹蛾的幼虫期长达4年

什么是蛀虫？

微蛾的幼虫很小，没有足，生活在叶子的内部。因此，这些小小的幼虫会钻进叶子上下面之间的叶脉中。木蠹蛾、蝙蝠蛾和透翅蛾的幼虫会摄取树木根部和树干中的营养。但木头缺少蛋白质，营养成分非常少，因此，在木头中生活的幼虫（蛀虫）往往需要很多年才会发育为成虫。有些种类的幼虫会在茎秆、树皮或者叶子中不停地啃食，制造出一些非常特别的蛀孔。还有些幼虫会在花朵和果实中钻孔。有些细蛾在幼虫期的第一阶段结束后会离开这些蛀孔，开始从外面啃食叶子，所以它们会把叶子卷起来或者用吐出的丝将叶子捆扎到一起。一些微蛾还能在植物上形成气泡。

在植物内部还生活着其他的鳞翅目种类，例如斑蛾和夜蛾。这些蛾类的幼虫大多喜欢啃食树干，专门钻孔生活，对经济林木的危害非常大。

金凤蝶的幼虫在啃食食物时，会用胸足抓住植物，然后让植物滑过强有力的下颚

幼虫在夜晚聚集在一起比独自一个更加温暖。荨麻蛱蝶的幼虫在一起能够加快成长的速度，等到最后一次蜕皮完成之后，它们才会分开

哪些种类的幼虫会一起生活?

鳞翅目昆虫中，有很多种类的幼虫从卵中孵出来之后并不会立即分离，它们会在一个或多个幼虫期的生长阶段里生活在一起，有些种类甚至连化蛹时也在一起。

蝶类中最典型的例子就是集体生活在夏枯草上的孔雀蛱蝶和荨麻蛱蝶的幼虫，它们会一起生活到最后一次蜕皮完成为止。蛾类中的典型则是巢蛾，这种蛾类的幼虫会一起进食和生活，并且共同在巢穴中化蛹。

毒蛾和枯叶蛾中也有一些种类的幼虫过着集体生活。棕尾毒蛾的幼虫会在巢穴中共同越冬。

带蛾幼虫的巢穴可能和足球差不多大，里面生活着数百只带蛾幼虫。它们排成单列或者多列，爬到树冠上进食。等到幼虫期结束，它们还会一起爬到化蛹的地点。

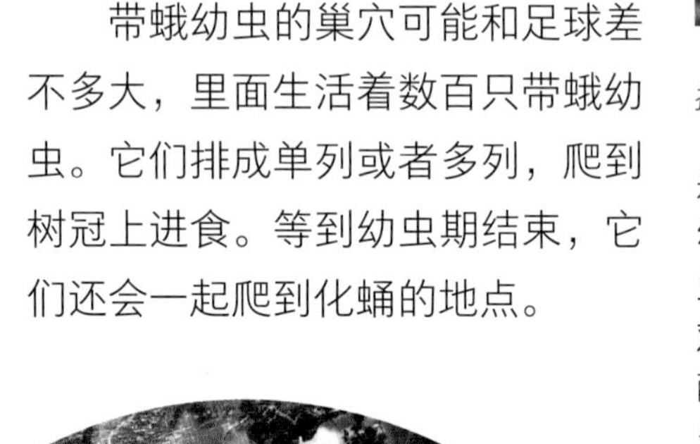

肉食性幼虫

夜蛾、尺蛾、谷蛾、卷叶蛾、螟蛾、灰蝶和其他科的鳞翅目昆虫之中有一些肉食性的幼虫。其中的典型就

中欧地区的亮兜夜蛾幼虫会捕食其他蛾类的幼虫

是美国的一种螟蛾，它们的幼虫以胭脂虫为食。这种幼虫甚至还能够利用猎物体内对自己不起作用的胭脂红酸，达到威慑敌人的目的，当它们遭到蚂蚁的攻击时，猎物体内的胭脂红酸便发挥作用。

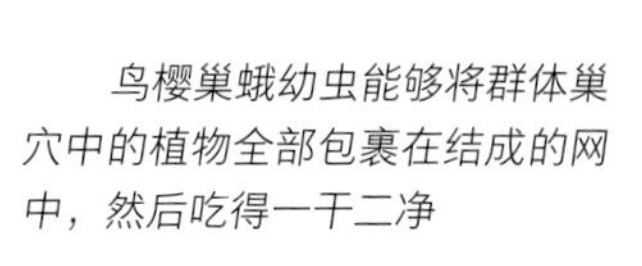

鸟樱巢蛾幼虫能够将群体巢穴中的植物全部包裹在结成的网中，然后吃得一干二净

蛾类的幼虫喜欢吃什么?

谷蛾幼虫的食物对于其他鳞翅目的昆虫来说有些特别，新鲜的绿色植物并不在它们的“菜单”之中，苔藓、菌类和腐烂的植物才是它们的最爱。许多蛾类在进化过程中逐渐从吃植物残渣变为以动物的残余物为食。它们可能生活在蚂蚁巢穴里，也可能生活在猫头鹰吐出的残食团旁和蝙蝠的粪便中，或者直接偷取别人的食物，还有可能以死亡昆虫的残余物、鸟巢中的羽毛和小型哺乳动物巢穴中的动物毛为食。

有一种冬蛾的幼虫能够用自己的第三对足制造出一种“唧唧”的声音，因此德国人也把它们称为“歌唱家”

褐色家蛾的幼虫一般会生活在鸟巢里，它们会危害植物的种子和果实，以及皮毛和书籍

有些鳞翅目昆虫的幼虫，例如衣蛾幼虫，还可以消化皮毛，而网衣蛾幼虫还会吃棉和丝。螟蛾科大蜡蛾幼虫的“菜单”也同样不寻常，它们生活在蜜蜂和大黄蜂的巢穴里，并会在巢穴中吐丝，包裹住花粉和蜂蜡组成的通道，然后把这一部分当作食物吃掉，最后还可能破坏掉“主人”的窝。

一起做：捕捉幼虫

鳞翅目昆虫在幼虫期往往会隐藏得很好。如果仔细寻找，你就能在树叶背面、草叶上或者树枝上发现单个的或者成堆的卵。在春天和夏天，仔细搜寻鳞翅目昆虫喜欢吃的植物，你会有很大的收获，例如夏枯草，在中欧地区有 6 种蝶类和 15 种蛾类的幼虫在这种植物上生活。有时，在蔬菜园中的莳萝、香菜和胡萝卜上，我们甚至会发现金凤蝶彩色的幼虫。如果在灌木下放一块白色的毛巾，然后敲打树枝，就会看到那些藏在灌木中的幼虫纷纷落下来。寒冷的季节里，在不长叶子的树枝上会更容易发现鳞翅目昆虫的卵，它们在树木的映衬下更加显眼。如果你在发现卵的树枝上做上记号，到了第二年春天，树枝上可能就会有孵出的幼虫。枯树叶中也有许多鳞翅目昆虫的幼虫和蛹，在不利于其生长的季节，它们会在这里寻求庇护。我们可以进行一次“学术观察”：先把落叶小心地放在浅色的纸板上或者旧报纸上，再通过放大镜去认识这些动物，最好还准备一本野外参考书。在德国，许多鳞翅目昆虫正面临灭绝的威胁，它们目前已受到了联邦物种保护法的特殊保护，因此采集处于不同生长阶段的鳞翅目昆虫属于违法行为。所以，请小心对待这些昆虫的卵，并在结束观察后，在发现它们的地方把它们放归自然。

放大镜

幼虫中有寄生虫吗?

澳大利亚的冠蛾幼虫会以外部寄生的方式生长。雌性冠蛾会在幼蝉居住的植物上产下 1 000 多颗微小的卵，而这些尾部呈羽毛状的幼虫孵出来后，就开始吸取幼蝉的营养。在蜕皮之前，幼虫会离开寄主。在幼虫的第二个生长阶段，蚂蚁就会把它们运到自己的巢穴里。在蚂蚁穴里，幼虫又会吸取蚂蚁卵的营养。亚热带和热带地区的小型鳞翅目昆虫——红天蛾的幼虫也以寄生方式生存，雌性红天蛾会将数百颗卵产在寄主生活的植物上，一般是蝉生活的植物上。这种蛾类的幼虫在生长的第一阶段会寻找一个寄主，然后粘在寄主（蝉）的皮肤上，并在其皮肤上打孔。数个星期之后，幼虫就会离开寄主，在叶子上吐丝化蛹。

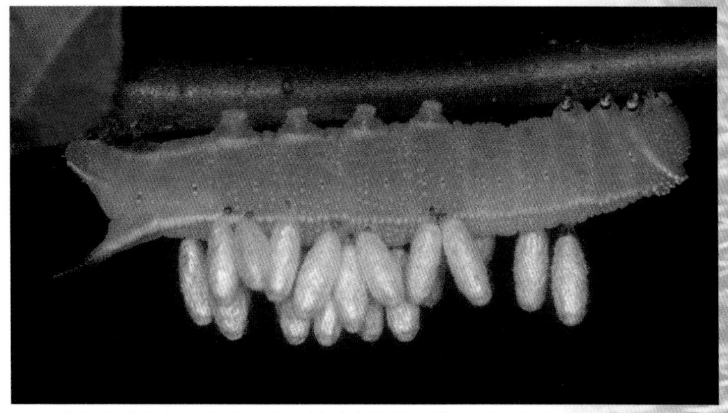
茧蜂幼虫离开寄主（一种天蛾幼虫）的身体，并吐丝结成白色的茧

水中的幼虫如何呼吸？

全世界的螟蛾科昆虫中，有700多种的卵和幼虫在水中发育。在生长的最初阶段，它们会通过皮肤呼吸溶解水中的氧气。有一些种类在幼虫长大后，皮肤下方或软管状的腮中会出现很多柔软的呼吸道，从而吸收水中的氧气。幼虫身体表面往往长有一层具有防水作用的短刚毛，这样一来，幼虫在水下就拥有一个包裹着身体的空气层，并能通过不沾水的呼吸孔吸收新鲜的空气。

幼虫在流速较快的水中会生活在石块下面，或者以水下植物的叶子为材料，吐丝为自己搭建一个小窝。小窝就像一个“船屋”，幼虫利用自己的小窝就能够在植物之间“旅行”，还能在水下植物上结茧化蛹。水螟以水下植物为食，除此之外，它们还在植物内部或者植物表面越冬。在中欧地区，螟蛾会在水塘旁度过整个夏季。

幼虫有哪些天敌？

野生植物上的卵、幼虫和蛹可以说有无数的天敌：山雀、啄木鸟、布谷鸟和其他以昆虫为食的鸟类会吃掉大量的幼虫和蛹；鼹鼠、野猪和乌鸦会翻动泥土，寻找隐藏在土壤里的幼虫；甲壳虫、臭虫、黄蜂、掘土蜂和蚂蚁也会把鳞翅目的幼虫和蛹当作自己的食物，或者作为自

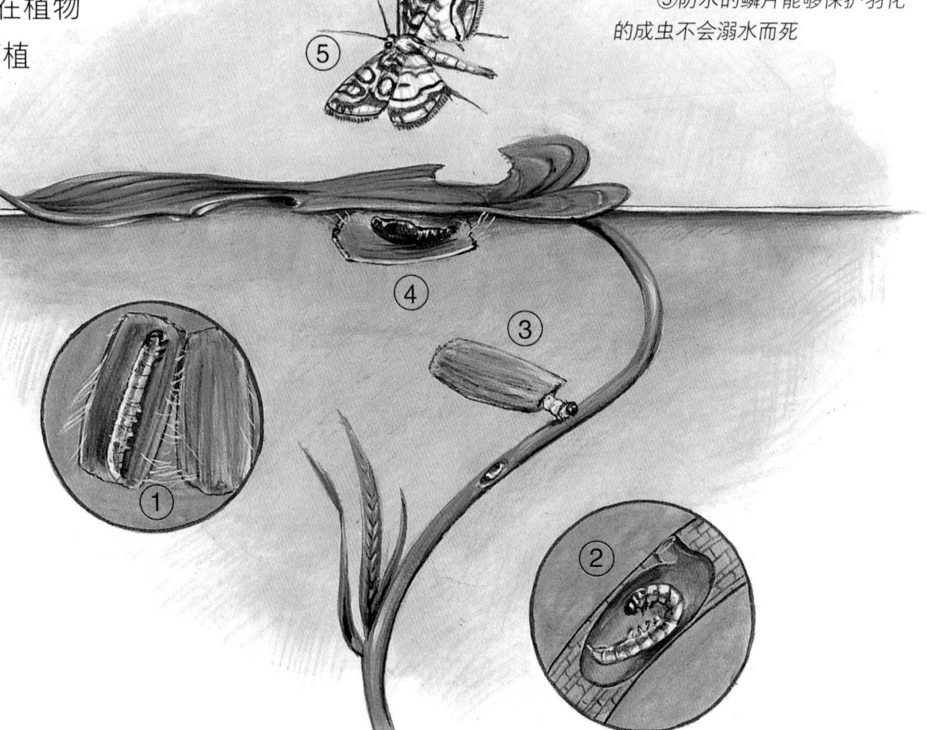

①睡莲螟蛾的幼虫和蛹待在水下用叶子建造的一个小室里
②幼虫能够在植物的茎秆上越冬
③④长大一些的幼虫和蛹生活的小室充满了空气
⑤防水的鳞片能够保护羽化的成虫不会溺水而死

幼虫如何保护自己？

不同生长阶段的鳞翅目昆虫，已经在进化过程中逐渐适应了众多天敌的攻击，它们会通过行为、外形或者身体中的特殊成分来保护自己。有些幼虫会把自己藏在丝质的小室中，从而躲避敌人的袭击，而有些幼虫会躲在花蕾中或者用丝卷起的树叶里。许多幼虫遇到危险时会利用一根安全绳迅速逃走，等到危险消除后，又会顺着这根安全绳爬回自己生活的植物上。如果在地面上，它们会保持不动，直到危险消除。很多幼虫会利用色彩来伪装自己，它们可能是绿色的，也可能是棕色的，这样，待在乱糟糟的叶子上，几乎不会被敌人发现，因为它们可以让自己与背景融合在一起。大多数情况下，幼虫背面的颜

刺猬正在吃鳞翅目昆虫的幼虫和蛹

己卵的营养品。姬蜂、小蜂、茧蜂和寄蝇会把自己的卵产在鳞翅目昆虫的卵或蛹中，大多数则直接把卵产在幼虫身体内部。所以在一个幼虫体内可能不止有一个寄生虫，很可能有数十个甚至数百个寄生虫。这些寄生虫在发育时会吸取寄主身体内的营养，并且会杀死寄主。

金凤蝶的幼虫在展示自己的眼状斑点

模仿者

一些蜥蜴在感觉到危险的时候，会模仿红天蛾幼虫的体态。而一些具有其他伪装能力的幼虫在受到威胁时，也能摆出恐吓对方的姿势，用以迷惑或者吓退敌人。这个时候，幼虫经常会把身上原来很普通的眼状斑点拉长。一些热带地区的幼虫在威胁对方时摆出的姿势很有趣，它们甚至能够模仿小蛇的头部，而东南亚的金凤蝶幼虫竟然还能使“脖子”上的触须像蛇信子一样伸来伸去。

紫蝶幼虫在夏天呈明亮的绿色

夜蛾幼虫隐藏得特别好，就像与树枝融为了一体，很难被发现

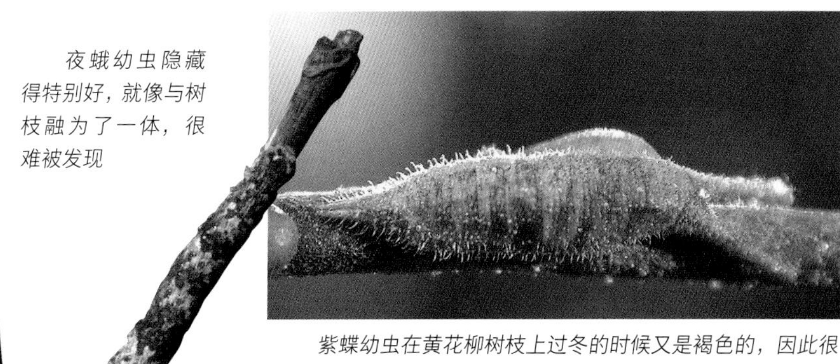

紫蝶幼虫在黄花柳树枝上过冬的时候又是褐色的，因此很难被发现

色比腹部的颜色要深，这种明暗差异同样能够保护幼虫，因为有些敌人依靠视力进行捕食。

鸟类为什么不吃色彩斑斓的幼虫?

通常情况下，灯蛾、夜蛾和大粉蝶的幼虫都有着非常鲜艳明亮的颜色，无论它们待在什么地方，总是能轻易地被敌人发现，但是它们却很少被鸟类捕食，这是因为它们身上那些惹人注意的色彩和花纹向天敌发出了一种警告，告诉捕食者它们吃起来味道不怎么可口或者有毒。当然，也会有经验不足的雏鸟不顾警告啄食这些幼虫，但它们很快就会得到教训，以后只要看到幼虫身上的这些黑色、黄色或者红色的环状、点状和带状花纹，就会想起那些难以下咽甚至遇上毒物时不愉快的经历。幼虫体内的毒素一般来自那些有毒的植物，但弄蝶也会在新陈代谢的过程中产生毒素。

幼虫本身对这些毒素并不敏感，而且在蛹期和成虫期也会一直携带着这些毒素。有些没有防御能力的幼虫也会向它们学习，模仿它们的体色，从而保护自己。

夹竹桃天蛾有毒的幼虫会抬起自己的头，并且把自己背上蓝白相间的眼状花纹展露在外，对来犯者发出警告

为什么有些幼虫身上有层“毛皮”?

灯蛾、毒蛾以及其他一些夜蛾总科的幼虫身上有很长的毛丛、刚毛或者刺球状的突起，在遇到危险的时候，它们就可以蜷起身体，把保护自己的背部转到外侧，然后一动也不动，假装死亡，让捕食者无从下手。所以，多毛或者多刺的幼虫往往不会被猎椿象或者鸟类捕食。但这些毛刺在生物学上的意义

树懒蛾（螟蛾的一种）来自南美洲的热带雨林，它们的生活方式尤为特别：成虫生活在树懒科动物的毛发中，它们紧紧地附在这种动物身上，因此可以随之到处迁徙。当这种动物离开树木去排泄的时候，树懒蛾就会短暂地离开寄主，在它们的排泄物上产卵。随后，这种蛾类的幼虫就会在寄主的粪便上长大。

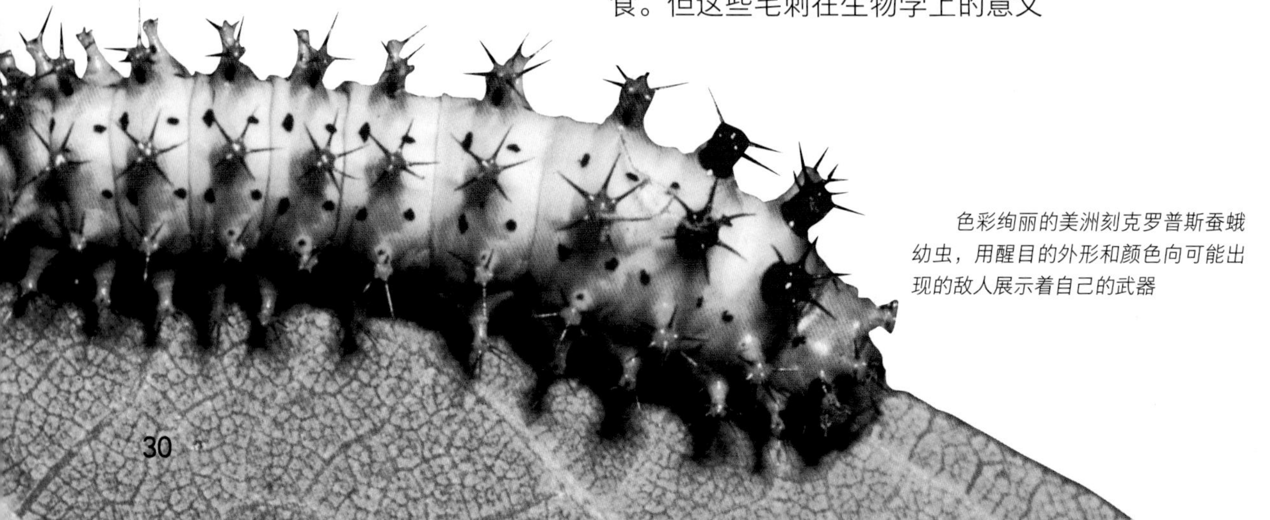

色彩绚丽的美洲刻克罗普斯蚕蛾幼虫，用醒目的外形和颜色向可能出现的敌人展示着自己的武器

目前还不清楚。对鸟类胃部的研究表明，仅仅具有毒性的毛刺对于特定种类的鸟类而言起不了什么威慑作用，也就不会对幼虫起到任何保护作用。布谷鸟以及其他很多鸣禽都以褐尾毒蛾和带蛾的幼虫为食。这些幼虫身上长着有毒的毛刺，人碰到之后就会引发皮疹。此外，还有一些幼虫的毛刺也会使人产生过敏反应。

居住在北美洲的一种灯蛾幼虫和它远在欧洲的亲戚一样，都长着厚厚的蜇毛

“跳豆”是一种大戟属植物的果荚，这种植物生长在墨西哥，它的果实内部住着跳豆小卷蛾（卷蛾的一种）幼虫。当幼虫活动身体的时候，被啃空了的果荚也会随之滚来滚去。如果幼虫用头撞击果荚壳，豆子就会漫无目的地到处跳来跳去。把这种墨西哥跳豆放在温度较高的地方，或者干脆放在手心里搓几下，它就会蹦蹦跳跳起来，从生态学的角度而言，这种蹦跳是幼虫尝试躲避高温的方式。

幼虫能够自卫吗?

当幼虫身处危险之中时，它们不仅能够逃跑和用警戒色吓唬敌人，还能够主动攻击。很多幼虫会用身体的前端或尾端重重地打击对手；有些幼虫还能从口中喷出难闻的气体，或者从口中和尾部释放出黏稠的分泌物。

此外，还有一些种类拥有特殊的器官，也可以起到保护自己的作用。金凤蝶幼虫长在颈部的角就是它的秘密武器，当它遇到危险时，会突然从角中喷出一种难闻的分泌物。还有二尾舟蛾的幼虫在受到惊吓时，会从身体尾部弹出一个红色的管状物，然后从位于胸部的一个腺体向敌人喷射出一种含有甲酸的液体。

当感受到危险的时候，金凤蝶幼虫就会翻起长在颈部的角，然后释放出一种非常难闻的分泌物

二尾舟蛾幼虫通过具有明显特征的警戒形态防御敌人的干扰

幼虫是怎样变成蛹的?

身体内部和周围环境的变化都有可能导致幼虫体内的激素无法正常发挥作用。这种激素存在于血液中，是一种能够发出信号的信息激素。幼虫什么时候发育成熟，什么时候结茧化蛹，都与激素的分泌活动有关。一般而言，4~5 个生长阶段之后，该激素就能达到某一水平，从这个时候开始，幼虫的新陈代谢和行为习惯就会开始发生变化。它们开始停止进食，保持空腹，寻找一个不被外界打扰的场所来完成化蛹的过程。在做准备的过程中，幼虫可能会移动很长的距离。由于种类的不同，幼虫选择化蛹的地点也各不相同，可能在植物内部，也可能直接钻入地下。虽然从外表看上去蛹没有任何运动的迹象，但在厚厚的外壳下，新陈代谢正在有条不紊地进行着：那些吃叶子的幼虫在数周之内就会变成吮吸汁液的蝶或蛾。

许多蛾类都是在地下完成化蛹的过程。上图是鬼脸头蛾的蛹

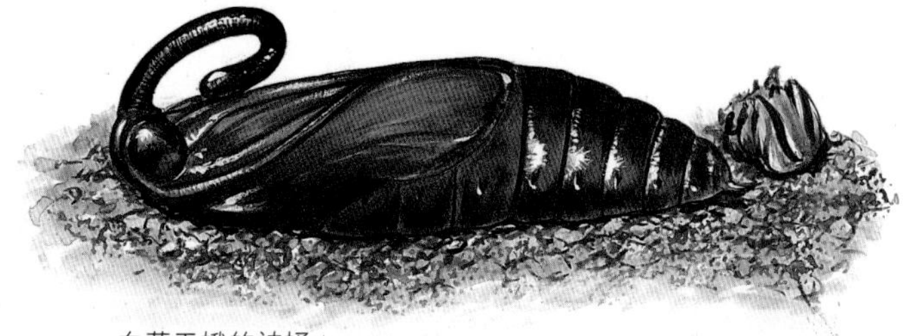

白薯天蛾的被蛹

人们在哪里能找到蛹的“安乐窝”？

只有极少数原始鳞翅目昆虫在化蛹后将腿和口器暴露在外，大部分昆虫都会将所有结构贴附在身体上，从而形成被蛹。这种被蛹基本上不能活动，只能靠少数可活动的体节移动它们的后腹部。

一般来说，在蛹壳上还能够看到幼虫最后一次蜕去的外皮。老熟的蝶类幼虫大多数都会吐丝做垫，用少量的丝将自己固定在植物上，并以缢蛹或者悬蛹（虫体头朝下）的形式度过蛹期。蚕蛾、枯叶蛾以及与之类似的蛾类会吐丝织一个厚实的茧，然后在里面蜕皮化蛹。蛾类的幼虫经常在植物表面或内部、地表或地下，以及枯叶堆里建造自己的“安乐窝”。它们用丝将零碎的叶片和自己的毛包裹起来，织成一个茧。许多蛾类不织茧，它们只是简单地在地上挖一个小洞就钻进去化蛹。

金凤蝶的缢蛹

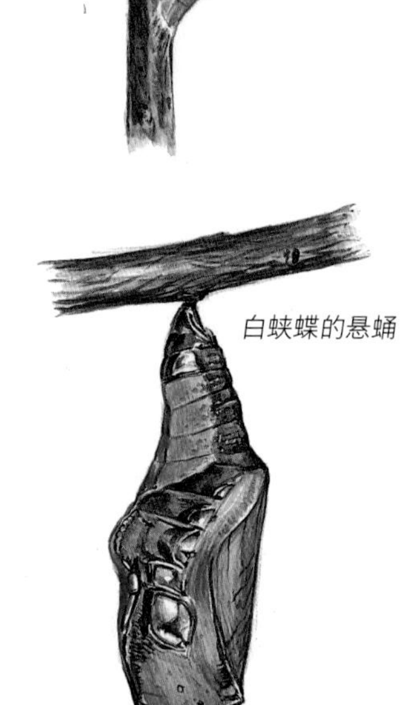

白蛱蝶的悬蛹

最大的幼虫

生活在澳大利亚东部的一种蝙蝠蛾，在鳞翅目昆虫中，它的幼虫体形最大，长度能够达到 15 厘米。它们能够钻入桉树的树干和树枝里，对这种造纸业所需的原材料造成危害。成虫的翅展能够达到 23 厘米，在蝙蝠蛾科中也是最长的。

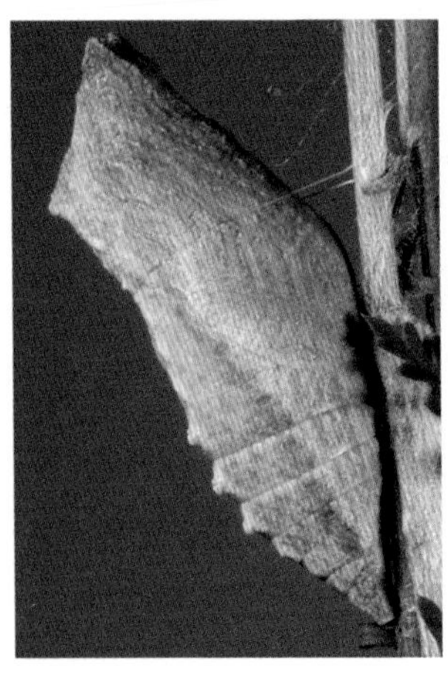

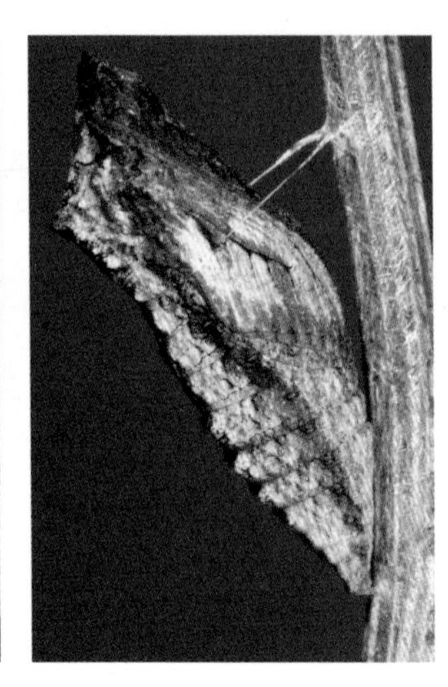

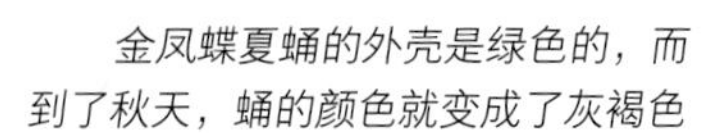

金凤蝶夏蛹的外壳是绿色的，而到了秋天，蛹的颜色就变成了灰褐色

休眠期

在霜冻期或者干旱期，幼虫和蛹会以硬化的方式来挺过这段难熬的时期。在休眠期中，它们降低了新陈代谢的频率，减少了能量和水分的消耗，而这种状态一直会持续到周围的环境逐渐好转。一些蛾类的蛹还能“过期存放”：它们直到一年或者几年之后才会羽化。

刚刚破蛹而出的金凤蝶。它的翅膀还需要慢慢展开和硬化

成虫什么时候才会破蛹而出？

对于大部分鳞翅目昆虫而言，成虫破蛹而出大概需要 2~4 周的时间。中欧地区许多种类的鳞翅目昆虫都会以蛹的形态越冬，然后持续长达大约 10 个月的蛹期。当蛹壳破裂，蝶或蛾就会爬出来。它们先伸展开翅膀，让血液流入翅膀中的血管内。大约 1 个小时后，它们的躯体和翅膀硬化，就能飞起来了。成虫的生命大约只能持续 1~6 周，越冬的种类比如金翅蝶，它的生命能够持续 10 个月。

一起做：饲养蝴蝶

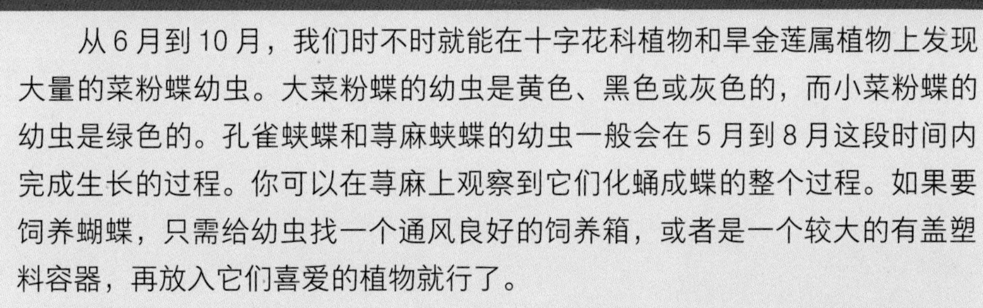

从 6 月到 10 月，我们时不时就能在十字花科植物和旱金莲属植物上发现大量的菜粉蝶幼虫。大菜粉蝶的幼虫是黄色、黑色或灰色的，而小菜粉蝶的幼虫是绿色的。孔雀蛱蝶和荨麻蛱蝶的幼虫一般会在 5 月到 8 月这段时间内完成生长的过程。你可以在荨麻上观察到它们化蛹成蝶的整个过程。如果要饲养蝴蝶，只需给幼虫找一个通风良好的饲养箱，或者是一个较大的有盖塑料容器，再放入它们喜爱的植物就行了。

将盖子打开缝隙

我们首先要对容器的盖子进行改造，在盖子边缘留出大约 5 厘米的宽度，中间部分裁掉。然后在容器的底部和四壁都垫上卫生纸，再放入一些小树枝，好让幼虫攀附在上面，不要忘记放入一些没有喷洒过杀虫剂的白菜或者旱金莲的叶子给刚孵出的菜粉蝶幼虫作为食物。如果饲养的是孔雀蛱蝶和荨麻蛱蝶，那就要放入一些荨麻叶子。我们可以用刷子把幼虫放进容器内，因为刚刚孵出来的幼虫非常脆弱，是不能用手直接触摸的。然后铺上纱网，盖上盖子，并把盖子的边缘卡紧。我们必须每天给幼虫提供新鲜的叶子，并保持容器的清洁，直至幼虫化蛹。之后，它们就不再需要进食了，这时尽可能不要打扰它们。每天检查蛹的状态，如果成虫破蛹而出，就把它们放归自然。许多中欧地区的蝴蝶受到法律的特别保护，不仅是蝴蝶成虫，它们的卵、幼虫和蛹也都不允许采集。不过，大部分以荨麻为食的凤蝶科蝴蝶并没有受到特别的保护，例如红蛱蝶、小红蛱蝶、孔雀蛱蝶、荨麻蛱蝶以及蜘蛱蝶（狸白蛱蝶的彩色幼虫是个例外）。

在容器里垫好卫生纸

用刷子放入幼虫

盖上盖子

你也可以选用木头和纱网做成的饲养箱，盖上纸板后，悬蛹就能悬挂在纸板上了

鳞翅目昆虫的生活方式

红蛱蝶喜欢吸吮熟透了的水果汁液

鳞翅目昆虫吃什么?

大部分的蝴蝶和蛾都喜欢访花，是访花昆虫的代表。在花朵上，蝴蝶可以用自己的喙管吸食花蜜。当然，从树木的伤口处流出的汁液（即树汁）和腐烂的果实也是许多蝴蝶的最爱。这些在白天活动的“采花大盗”主要通过颜色来发现这些食物，不同种类的蝴蝶各自喜欢的颜色也有所不同。

蛾类喜欢拜访的花朵通常是白色的，并且是散发着极其浓烈的香味的。这些花朵只有在夜间才会开放，而且只有在黑暗的环境中才会分泌花蜜。一些热带地区的蛾类拥有坚硬的刺状喙管，能够刺入果实内部，然后吸吮这些溢出的汁液。唯一一种成年后能够食用固体食物的是小翅蛾，它们没有喙管，取而代之的是颚，它们可以用颚来嚼碎花粉。大多数鳞翅目昆虫都有一个可以卷曲的虹吸式喙管。蝴蝶和蛾在自己短暂的成虫期几乎不用摄入任何食物，当然，这要除开那些直接从花朵中吸食花蜜和其他以“植物甜液”为食的鳞翅目种类。“植物甜液”是一种由蚜虫和吸食植物汁液的昆虫排出的含有糖分的液体。

热带蝴蝶经常大量聚集在潮湿的地表，以吸吮水分

含有糖分的花蜜是许多蝴蝶的能量来源

甜食爱好者

鬼脸天蛾会飞入蜂巢，用自己短而硬的喙管戳破用蜡密封的蜂巢，然后吸食蜂蜜。通常蜜蜂并不会理会它们的偷吃行为。如果鬼脸天蛾感受到威胁，就会发出一种类似口哨声的呼叫声。它们用自己很短的喙管将空气吸入前肠后再排出，从而制造出这种声音。

猫头鹰蝶翅膀的背面有着非常精美的“大理石花纹”和很大的“猫头鹰眼睛”

夏季的结束对于大部分中欧地区的鳞翅目昆虫而言意味着飞行期的结束。线灰蝶和红灰蝶属于最后一批结束飞行的秋蝶，它们会随着霜冻的来临而消失。此后，冬蛾开始在夜晚到处飞舞。黄翅蝶、荨麻蛱蝶和孔雀蛱蝶会在春天第一个阳光明媚的日子里重新出现，它们的下一代在秋天化蝶，并且在建筑物内过冬。黄翅蝶在户外过冬的结果就只有被冻僵（如图）。

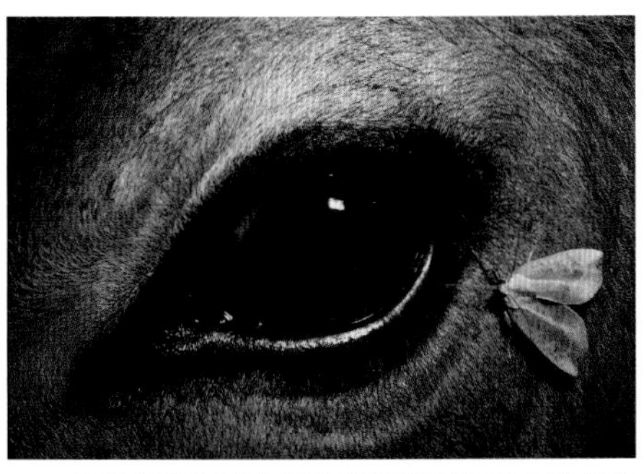

这种来自泰国北部的夜蛾在吸吮瘤牛眼角的泪液

鳞翅目昆虫还喜欢吃哪些特殊食物？

许多鳞翅目昆虫都会被哺乳动物的汗液、尿液和伤口分泌物，或者鸟类和哺乳动物的排泄物中营养丰富的液体所吸引。在非洲热带地区和东南亚地区，还生活着以哺乳动物或者人类的泪液为食的螟蛾、尺蛾和夜蛾。它们用自己粗糙的口器在哺乳动物或者人类的眼球附近摩擦，从而刺激眼球，使泪液流出。

东南亚的一些在夜间活动的吸血鬼蛾甚至能够钻破水牛或其他有蹄类动物、大象和人类的皮肤，吸食血液，它们坚硬的喙管能够钻入皮肤达 7 毫米深。目前，人们还不清楚吸血鬼蛾为什么会吸食血液。

鳞翅目昆虫在什么时候活动？

大多数种类的鳞翅目昆虫（蛾类）都属于夜行动物。蝴蝶喜欢在白天活动，它们经常在阳光下飞舞，所以也叫“日行鳞翅目”。而绝大多数蛾类都是“夜行者”，它们选择在黄昏出来活动，所以被称为“夜行鳞翅目”。

我们知道，还有一些蛾类也并不完全只在夜间行动。中欧地区的 Y 纹夜蛾在白天和夜晚都很活跃。枯叶蛾中就有一些在日间活动的种类，中欧地区的一些枯叶蛾种类，例如舞毒蛾和天蚕蛾，就喜欢在阳光下飞行。

夜蛾、灯蛾、卷蛾、尺蛾和天蛾是主要在夜间活动的蛾类，它们中也有一些种类在阳光下寻找食物和配偶，这些种类的色彩通常要比那些在黑暗中飞行的同类更为绚丽。斑蛾和透翅蛾是蛾类中不折不扣在日间活动的种类，它们最迟也会在夜幕降临之前结束自己一天的活动。

德国本地的丁目大蚕蛾一到了白天就忙着寻亲配对

图中所示的透翅天蛾就是日间活动的蛾类之一

许多蛾类能够听到蝙蝠发出的超声波，并迅速逃之夭夭

鳞翅目昆虫有哪些天敌？

鳞翅目昆虫即使安全地度过了幼虫期和蛹期，顺利地破蛹而出，它们仍然逃脱不了被鸟类、爬行动物和两栖动物捕食的命运，因为蝴蝶和蛾也是这些动物最钟爱的食物。蜘蛛会用蛛网捕捉蝴蝶和蛾，善于伪装的蟹蛛会静静地守候在花朵上，等待它们接近花朵，然后展开猎捕行动；蜜蜂尤其是胡蜂科的蜜蜂会直接对蝴蝶或蛾进行猎捕；一些细腰蜂对追踪蝴蝶颇有心得，它们甚至会把已经折磨致残的战利品带回巢穴去喂食幼虫。蝙蝠是大部分夜间飞行的蛾类最大的敌人，它们会发出超声波，即使是在黑暗中也能够对这些“夜行者”进行定位抓捕。一些夜间活动的鸟类，例如夜鹰，也会捕食蛾类。

鳞翅目昆虫怎样保护自己？

与其他很多昆虫不同的是，鳞翅目昆虫既没有强而有力的下颚，也没有极具杀伤力的毒刺，那它们如何对付想要捕食自己的敌人呢？通常，它们会选择从敌人面前掉头逃跑，或者突然坠落，紧急状况下还会假装死亡。那些在白天活动的蝴蝶还有一个绝招，它们会通过不规则的、跳跃性的飞行加大敌人捕食的难度。

猴子、鸟类和蜥蜴跟人类一样能够分辨不同的颜色，并且能够对物体的运动做出反应。在进化过程中，鳞翅目昆虫已经逐渐适应了这

双头蝶

热带地区的线灰蝶在后翅的末端一般都长有刺眼的眼状斑点，并且还有着修长而轻薄的尾巴。蝴蝶翅膀末端这种不同寻常的结构，会让那些依靠视力捕食的敌人误认为这种蝴蝶的尾部就是它的头部。静止不动的线灰蝶更是将这种效果进一步强化了，它们的尾巴会像触角一样相互摩擦。当捕食者咬住线灰蝶显眼的“头部”时，并不会伤及那些重要的器官，这时，线灰蝶也就会趁机逃走。

静止的线灰蝶会用自己显眼的尾部来转移敌人的注意力

小圆钩蛾看起来很像鸟粪

枯叶蝶的翅膀背面就像一片干枯的树叶

白天休息的圆掌舟蛾模仿的断枝很具有迷惑性

干扰源

如果周围有蝙蝠发出的探路超声波，北美地区的一些灯蛾就会利用它们的鼓膜在超声波范围内发出振动声。针对捕猎者的进攻，这种振动声能够对灯蛾起到多方面的保护作用：没有经验的蝙蝠会受到惊吓，而对那些有经验的蝙蝠而言，这也意味着它们已经知道猎物的味道不怎么可口。此外，灯蛾还能发出特定的振动节奏来干扰蝙蝠的回声定位系统。

些依靠视力捕食的脊椎动物。很多种类的鳞翅目昆虫都很善于伪装，并且能够长时间保持静止不动。白天歇息在树干上的蛾类，凭借自己身上的树皮状图案，能够与周围的环境很好地融合在一起。蝴蝶在驻足停靠的时候会合上翅膀，露出色彩并不显眼的背面，这样，就连在阳光下散发着炫目蓝光的南美大闪蝶，都能够在丛林的暮光中，轻而易举地在追踪者眼前藏匿起来。

蓝目天蛾在遇到危险时，会展示自己翅膀上的眼状斑点

为什么许多鳞翅目昆虫都有眼状的斑点？

一些在静止状态下善于伪装的鳞翅目种类，在被发现后或受到干扰时，通常会出其不意地惊吓到侵犯者。杨裳夜蛾和灯蛾会展开前翅，突然露出色彩艳丽的后翅。一般情况下，这种色彩变换所带来的惊吓都会让鸟类或者猴子经历一段迷惑时间，而在这段时间里，它们就能够飞走，从而避开敌人的攻击。在飞行中，蝴蝶或蛾艳丽的后翅会再次露出来，敌人会继续受到迷惑，从而加大了追击的难度。

蝴蝶、天蚕蛾和天蛾身上具有显眼而又对比强烈的花纹，所以这种迷惑效应尤为明显。它们翅膀上的斑点很可能让进攻者误认为这是一只大型脊椎动物睁大的眼睛。这种眼状斑点不但能对潜在的敌人起到威慑作用，而且还能分散它们对鳞翅目昆虫脆弱身体的注意力。

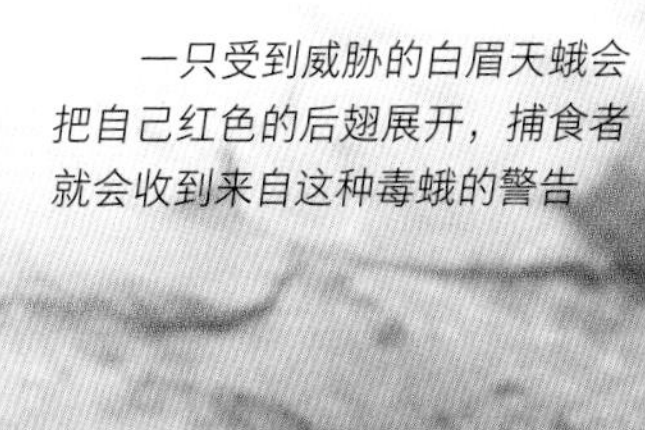

一只受到威胁的白眉天蛾会把自己红色的后翅展开，捕食者就会收到来自这种毒蛾的警告

警戒色是怎样起作用的？

对于很多种类的鳞翅目昆虫来说，毒素和恶心的气味是它们退敌的有力武器。和具有毒性的鳞翅目幼虫一样，这些用化学武器武装自己的成虫，也会利用颜色来阻止敌人发起攻击。黑黄色或者橙红色的蝴蝶总是悠然自得地待在非常显眼的地方，有时候甚至成群地聚集或者缓慢地飞行。一些脊椎动物先天就不会以这类昆虫为食，也就不需要通过后天的学习来认识到它们并不好惹。而一些鸟类必须在有了一些糟糕的经历之后，才会学会不再捕食这些动

物。美洲的釉蛱蝶体内的毒素来自它们幼虫时期所吃的植物，这些植物中所具有的毒素在它们体内沉积下来。西番莲、马兜铃、大戟和其他含有毒素的植物都是它们体内毒素的重要来源。只有斑蛾的毒素不是来自食物，而是在它们自己体内产生的。

一起做：观察蝴蝶

在鲜花盛开的花园里、树林中或者篱笆边上，很容易就能看到那些在白天活动的蝶类和蛾类。如果要仔细观察它们，最好选取一个最佳的观测位置，然后悄悄地靠近，速度太快会把这些小动物吓跑。在出发之前，你可以带上捕虫网、蝴蝶图册、放大镜、笔、笔记本和望远镜，这些东西会非常有用。这样，你可以在观察之后把一些重要的发现画下来和写下来，例如观察时间、观察地点、周围环境、飞行状态、喜爱的食物、幼虫的形态和食物等，总之，你可以记录下你所感兴趣的一切。如果你有一台照相机，还可以给这些小动物拍上几张“生活照”。

照相机

放大镜

笔记本，笔

望远镜

捕虫网

什么是拟态?

拟态对于很多无毒、无攻击性的热带鳞翅目昆虫而言是一种先天优势，脊椎动物会将这些模仿者当作那些具有自卫能力或者有毒的昆虫，从而不向它们发起攻击。其实，在那些有毒的、具有攻击性的鳞翅目昆虫周围，总有一些本身没有什么防卫能力的模仿者存在，它们从颜色、花纹到翅膀的形状都与其模仿的对象十分相似，几乎难以区分。它们凭借着近乎以假乱真的模仿能力，也同样能够保护自己。不过，这些种类通常与有毒的种类分属不同的种属。我们把这种拟态方式称为“巴特森拟态”。

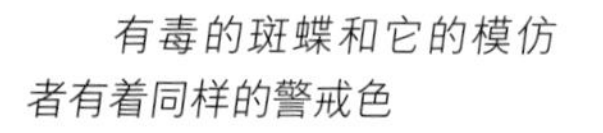

有毒的斑蝶和它的模仿者有着同样的警戒色

除了这种方式，拟态还有另外一种方式，叫作“米勒氏拟态”。一个对应的例子就是南美的“警戒团体”，它们形成了一种拟态圈。很多来自不同种属，却同样用“化学武器”保护自己的鳞翅目昆虫，它们生活在同一个空间里，并且相互模仿。捕食者只要有过一次不愉快的经历，就不会忘记这种具有威慑力的图案。这样一来，整个生活圈里的鳞翅目昆虫都能得到有效的保护。

透明的翅膀、黑黄相间的腹部，黄蜂蛾（透翅蛾）总是让人无法将它与能够蜇人的黄蜂区分开来

生活在热带非洲的鬼脸天蛾有时会在夏天一直飞到北欧

大王蝶在哪里过冬？

许多德国本土的鳞翅目昆虫选择在卵期过冬，也就是以卵的形态度过寒冷的冬天，其他的则是以幼虫或者蛹的形态过冬。只有很少种类是以成虫的形态过冬的。为了使血液不被冻住，它们用甘油和海藻糖作为“防冻材料”，并且排出体内一定的水分。与之相反，美洲的大王蝶选择逃离寒冷的北方，它们通常会在每年 9 月离开加拿大和美国东北部，向南飞行大约 4 000 千米来到墨西哥的山区或者阳光和煦的加利福尼亚州和佛罗里达州。在那里，这些蝴蝶会成千上万地群集在树木上度过整个冬天。当春天到来时，它们会沿原路回到曾经居住过的地方。在它们漫长的旅途中，这些蝴蝶会借助最有利的气流条件来使旅行变得更为轻松。它们也会根据太阳的位置或者凭借地球磁场来辨识方向。

蝶类：
①黄翅蝶
②绿豹蛱蝶
③蓝灰蝶
④孔雀蛱蝶
⑤柳紫闪蛱蝶
⑥弄蝶

德国也有迁徙性的鳞翅目昆虫吗？

世界上大约有 200 种鳞翅目昆虫会进行有规律性的迁徙，它们离开栖息地，飞越很长的距离，并在此期间孕育下一代。其中有些种类甚至会从地中海附近一直向北飞到北极圈附近，其中最有名的有 Y 纹夜蛾、南欧的小豆长喙天蛾、非洲的鬼脸天蛾和白薯天蛾这样群居性的种属。每年的春天和夏天，它们都会从地中海地区飞越阿尔卑斯山脉来到德国，其中一些甚至会在一年当中最温暖的时候继续飞往欧洲中部。大部分成虫或幼虫都不会选择在德国越冬。红蛱蝶、小红蛱蝶和黄云斑蝶是蝶类中有名的迁徙者。大菜粉蝶等一些蝶类会在它们的居住区域内进行远距离的迁徙，规模也很大。

鳞翅目昆虫在自然界中扮演怎样的角色？

鳞翅目昆虫的幼虫是陆地上最常见的以植物为食的生物，而它们和它们的成虫又为其他昆虫、蜘蛛、两栖动物、爬行动物、鸟类和哺乳动物提供了食物。

除此之外，那些以花蜜为食的蝴蝶和蛾还是非常重要的花粉传播者。正是由于蝴蝶喜欢吸食花蜜，致使那些花朵在进化过程中对蝴蝶做出了适应性的改变，它们进化出了窄而长的花粉管，就像高脚杯一样，“杯底”就是蝴蝶钟爱的花蜜。前来觅食的蝴蝶只要用自己长长的虹吸式喙管就能轻易地获取食物，这对许多蝴蝶来说都不是难事。在蝴蝶“埋头”吃食时，它们身上就会不可避免地沾上许多花粉，然后这些访客会把花粉从一株植物带到另一株上。如果遇上相同种类的植物，就会完成授粉的过程，进而植物就会结出种子和果实。

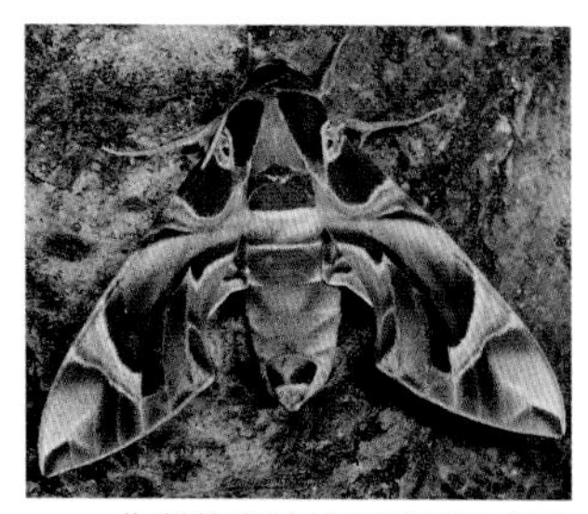

非洲的夹竹桃天蛾是飞越地中海的常客

越海飞行

鬼脸天蛾、白薯天蛾和夹竹桃天蛾这样的大型蛾类飞行的速度能达到 50 千米 / 小时，甚至更快。因此，它们能够从非洲出发，飞越整个地中海到达欧洲，并且“翻越”阿尔卑斯山脉。此外，北非当地的小红蛱蝶还懂得利用气流飞越地中海。

蛾类：
①红天蛾
②青波翅天蛾
③印铜夜蛾
④接骨木尾尺蛾
⑤羽蛾
⑥豹灯蛾

鳞翅目昆虫与人类

网衣蛾

印度谷螟

烟草粉螟

地中海粉螟

鳞翅目昆虫为什么被视为害虫?

在欧洲，有300多种鳞翅目昆虫被视为害虫。以螟蛾为例，我们可以来分析一下，这种野外生活的小动物为什么被视为“害虫”。

螟蛾的幼虫在自然界中是以树皮和干枯的果实为食的，但当我们人类开始储存食物时，也为一些蛾类提供了唾手可得的食物。这样一来，它们转而开始在人类存储的大量食物中觅食，因为这样做是如此轻松。地中海粉螟和烟草粉螟现在已经成为专门偷吃人们储备的食品的“专家”。

螟蛾科中还有一种印度谷螟，对每个家庭而言，它们都是不受欢迎的“客人”，这种蛾类对大多数植物性食物都很偏爱。与之相似的还有蠹虫和衣蛾，它们对动物毛皮制成的衣物很感兴趣。

哪些鳞翅目昆虫会啃光树木的叶子?

在林业上，人们也会担心鳞翅目昆虫所带来的破坏。如果气候适宜，它们会迅速繁衍，数量多得惊人，如果这些幼虫齐心协力，甚至有可能把整片森林都啃食干净。舞毒蛾、模毒蛾、黄毒蛾以及茸毒蛾等一些毒蛾科昆虫是名副其实的“森林杀手”。当然，带蛾、夜蛾、螟蛾、卷叶蛾和尺蛾也是不容小觑的贪婪之辈。

舞毒蛾幼虫喜欢吃橡树的叶子，而松针毒蛾幼虫的主食则是云杉，这两种蛾类也以其他的植物为食。茸毒蛾幼虫在秋天能把整片的山毛榉林啃光。第二年春天来临时，松树光秃秃的树冠就会告诉我们，这是松尺蠖幼虫的“杰作”。

中欧地区的松夜蛾也会对森林造成破坏，它们的幼虫喜欢以针叶树为食。

舞毒蛾幼虫喜欢吃橡树的叶子，还吃其他乔木和灌木的叶子。如果它们聚集在一起，形成很大的规模，就能够把整片森林的树叶全部啃食光

中国家蚕（蚕蛾的幼虫）只吃桑树的叶片

工人们正在手工分离蚕蛹和蚕茧

奢侈的蚕丝制品

历 史

早在几千年前，中国人就已经开始家庭养殖桑蚕，并对蚕茧加以利用。据悉，早在2 700 年以前，人们就已经开始对野生蚕进行家养了。曾经在长达近千年的时间里，丝织品一直只作为中国皇族的专属用品。后来，丝织品才慢慢出现在贵族家庭中。从中国走私家蚕卵或者家蚕，在当时是罪不可恕的行为，会被处以极刑。

亚历山大大帝挥军征战波斯和印度，并在公元前 330 年把丝织品带回了希腊，但他却没有带回家蚕。

丝绸在欧洲

一直到罗马时代，欧洲人都没能了解丝绸究竟源于哪种动物。维格利和狄奥尼修斯等一些古代学者认为，中国有一种长满类似羊毛的树木，人们正是以此纺出了这种柔顺的纤维，或者中国人是取材于不同颜色的花制成了丝绸。罗马皇帝奥勒良在位时期，丝绸的价值足以同黄金相提并论。这反映的不仅仅是人们对于丝织品的渴求，同时也反映了将这种奢侈品从东方和印度运到欧洲的高昂成本。

丝绸可以被染成各种颜色

18 世纪的缫丝工厂

走私品

早在 555 年，东罗马帝国的皇帝尤斯提连就曾经派遣两名僧侣来到中国，他们的目的就是想从中国带走家蚕。但一直以来，将家蚕卵或者幼虫从中国非法输出都是死罪。于是僧侣们就把家蚕的卵和幼虫藏在中空的手杖里，然后带往欧洲。所以，现在欧洲所有的桑蚕都是这些“走私品”的后代。

丝绸之路

闻名遐迩的丝绸之路长约10 000千米，是世界上最长的商路之一，它从中国出发，途经突厥斯坦和伊朗，止于地中海海岸东北部。这条商路始于公元前 176 年，已经存在了数千年。在 13 世纪，马可 · 波罗也是选择经由这条古老的商路，开始了对中国的探索之旅。

丝线被缠在纱锭上

养 蚕

家蚕一般都养在农场里，并在那里繁殖。它们的生命开始于小小的黑色幼虫，4~5 周内，它们身体的长度就能达到原来的 25 倍，而体重更是能够长到原来的 10 000 倍左右。中国的家蚕只吃桑叶，而白桑树的叶子则是它们的最爱。刚孵出来、体重加起来只有 500 克的一群幼虫生长到化蛹时，可以吃掉重约 12 吨的桑叶。四次蜕皮后，幼虫就长大成熟开始化蛹。此时，它们会被放在架子或者绷子上，然后吐丝作茧，互不干扰。中国家蚕在经过长期的人工养殖后，已经失去了自我生活的能力，而且它们的幼虫也不能主动觅食。

蚕 茧

许多蛾类的幼虫老熟后，会从它们的唾液腺中吐出丝，然后结成茧。茧可以使蛹免受恶劣气候环境和敌人的危害。中国家蚕的唾液腺在不断进化中变得尤为发达。长度超过 1 000 米的茧丝要消耗家蚕体内一半的蛋白质。它们在 1 分钟内就能够吐出大约 15 厘米的蚕丝。蚕要把自己完全包裹在蚕茧之中，大约需要 2~3 天的时间。蚕丝是由两个很小的唾液腺分泌的，并由角状的蛋白质纤维组成，直径只有 1/15 毫米。刚吐出来的蚕丝是黏稠的液体，因为它的表面覆盖着一层由蛋白质构成的黏稠丝胶，遇到空气后就会变成固体。

中国蚕蛾的茧

缫 丝

成型的蚕茧将被收集起来，进行加工处理。一般来说，首先需要剥除蚕蛹，再对蚕茧进行干燥处理，然后进行分类挑选。之后要把这些蚕茧用水煮一下，这样不仅能够去除那些水溶性的丝胶，还能使蚕丝的光泽度更好。根据蚕种类的不同，1 只蚕茧大约能够缫出 700 米长的可用丝。只要发现蚕丝的头，抽丝剥茧自然也就不在话下了，先把蚕丝从蚕茧上解开，然后再绕到线轴上去。这样，许多只蚕茧的丝就能够汇成一根线。无法抽出来的蚕茧外壳上的乱丝则要先进行梳理，然后再纺织成线。这些丝线会被盘成绳，绕成球，然后送到纺织厂。纺织厂就可以对它们进行染色或者漂白，以及进行下一步的加工和改良。

特 性

丝织品质地轻柔顺滑，有光泽，易于上色，而且冬暖夏凉。一件重约 500 克的丝质衣物所需的生丝由大约 1 700 个桑蚕茧提供，而由此所需的蚕则会吃掉大约 60 千克的桑叶。别看丝织品如此轻薄，它的耐撕扯能力却很强，同样粗细的丝线比金属线能承受更大的重量。

中国家蚕

哪些鳞翅目昆虫会危害作物？

许多鳞翅目幼虫不但吃野生的植物，而且还吃人类种植的作物。有了这些植物供给“食物”，它们有时会迅速繁殖，造成大规模的破坏。在中欧地区种植水果的地方，我们总是会看到许多不请自来的毒蛾、卷蛾、尺蛾、蝙蝠蛾、透翅蛾、枯叶蛾和巢蛾。菜蛾、夜蛾、粉蝶和螟蛾喜欢吃蔬菜，其中夜蛾和螟蛾还会危害粮食作物。此外，卷蛾还对葡萄藤特别感兴趣。农业上为了防治虫害、减少损失，人们常常会使用大量的杀虫剂。杀虫剂价格高昂，而且会对其他生物造成负面影响，最主要的是，杀虫剂迄今为止也都无法根除这种人们不愿见到的虫害。大多数情况下，这些害虫会进行迁移，劫掠新的居住地。

冬尺蛾幼虫会对果树造成极大的破坏

古毒蛾彩色幼虫背上的毛丛会让人的皮肤产生过敏反应

带蛾幼虫的螯毛让人们在森林里活动时多有不便

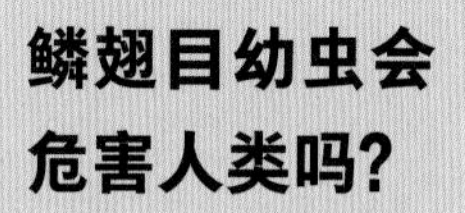

鳞翅目幼虫会危害人类吗？

有16个鳞翅目科的幼虫和成虫会用螯毛来保护自己，如果人们触碰到它们，它们的螯毛就会断开，里面的有毒物质就会注入人的皮肤。最危险的要数美洲的绒蛾科昆虫，这个科的昆虫即使是小小的幼虫也披覆着螯毛，人们只要碰到它们，除了疼痛之外，还会发炎、发烧甚至中风。中欧地区的种类中，带蛾幼虫最令人讨厌，它们的背部有数以千计的小毒毛，这些毒毛很容易掉落，飘荡在林区的空气中。人类的皮肤、黏膜或者眼睛上只要沾上这种毒毛，就会引起长时间的瘙痒炎症。此外，褐尾毒蛾和其他毒蛾的毒毛也会使人类出现过敏反应。

槐实卷叶蛾幼虫会由内而外咬噬荚果的种子

对待很多野生植物和经济作物，黄剑纹夜蛾会先吃掉地上的部分，然后再吃地下的部分

潜叶虫

对于很多鳞翅目昆虫而言，只有当人类干扰了它们的生活，侵占了它们的居住地时，它们才会开始造成危害。在新的生活地点，它们几乎没有任何天敌。潜叶虫就是一个很好的例子，它们的发源地至今仍不明确，不过这种害虫已经由马其顿扩散到了整个中欧地区，它们的幼虫喜爱的马栗树的叶子在初夏几乎就已经被吃光了。

来自南非的仙人掌蛾幼虫以霸王树仙人掌为食。这种仙人掌以前在澳大利亚几乎处于像野草一样疯长蔓延的状态，90% 的牧场都被它们占据，严重影响了当地的畜牧业。自从引进了仙人掌蛾后，大部分的牧场又可以投入使用了

神话和传说中的蝴蝶

“Psyche”这个单词来自希腊，它有着双重含义，除了“蝴蝶”的意思之外，还有“灵魂”和“呼吸”的意思。蝴蝶象征着人类的灵魂，古希腊神话中，相传雅典娜赐予普罗米修斯用黏土造出的第一个人的呼吸能力。古代哲学家柏拉图就把蝴蝶化蛹成蝶的过程，比作不死的灵魂从死去的身体里得到了释放。在世界上的很多文化中，蝴蝶也都与死亡、重生和轮回有关。阿兹特克神话中的女神伊兹帕帕罗特就拥有蝴蝶的翅膀。而在一些日本的神话中，蝴蝶拥有死者的灵魂。基督教的画家也用蝴蝶作为复活的象征。围绕着鬼脸天蛾则有一些令人不快的迷信看法，人们认为它们是疾病、死亡或者不幸的使者。

M. S. 梅林的一幅作品：刺桐和蚕蛾（1699—1701）

鬼脸天蛾

德语中“Schmetterling”（蝴蝶）这个单词是以奥地利语和西里西亚语里的单词“Schmette”(奶酪)为词根的。这与中世纪的一个迷信看法有关，当时，人们认为女巫会化作蝴蝶的形态来偷取牛奶、奶油和黄油。

古希腊哲学家苏格拉底、柏拉图和亚里士多德早已对蝴蝶从卵到幼虫和蛹，最后成蝶的过程产生了兴趣，但与此有关的知识在中欧却暂时失去了本身的意义，幼虫和蝴蝶被人们认为是恶魔之卵、女巫和上帝惩罚的预兆。17世纪时，铜版雕刻家玛丽亚·塞比利·玛丽安成了昆虫学的先驱，她在青少年时期就一直对蝴蝶进行着研究。

什么是生物病虫害防治?

人们利用害虫在自然界的天敌来清除它们，并不需要使用任何杀虫剂。在热带和亚热带有一些不同种类的幼虫被饲养着，它们能吃掉那些入侵的植物，保持整个生态系统的平衡。比如，南美洲当地的仙人掌蛾就被引入澳大利亚。在澳大利亚的牧场上，那些入侵的仙人掌肆无忌惮地疯狂繁殖蔓延，而这种螟蛾幼虫能够在很短的时间内将它们重新控制在一定范围之内。

外来植物如果能在水中或者水面大量繁殖，就会打破生态平衡，并且对捕鱼业、船只航行以及农业灌溉造成严重的影响。

如果蚊蝇在水草上大量滋生，还有可能传播疾病。泰国和美国专门饲养的猫头鹰蛾幼虫和水生螟蛾就是它们的敌人，可以利用其进行生物防治。

鳞翅目昆虫正处于危险中吗?

中欧地区有近半数的大型蝴蝶种类正濒临灭绝，国际自然保护组织（IUCN）的“红色名单”上就有284种蝴蝶。这种危险首先来自全世界范围内对鳞翅目昆虫生存环境的破坏，它们正在面临着农田自然环境的改变、杀虫剂和除草剂的大量使用、过度施肥、废气排放以及其他环境污染的威胁。许多日益稀少的鳞翅目种类，现在只能在雨林和河滩林，以及针叶林、灌木丛、草原、沼泽、湿地或者盐碱地这样特定的地方才能见到了。

在我们居住的地球上，生物多样性被持续性破坏的一个重要原因就是对热带雨林的乱砍滥伐。在那里，许多种类的蝴蝶灭绝的速度更快，科学家所能做的事情只不过是给它们取一个名字罢了。

这种在100年以前还十分常见的蛾类（灯蛾的一种，如下图）已经成为耕地改建的牺牲品，1977年是这种鳞翅目昆虫最后一次在德国被发现的时间

阿波罗绢蝶（上图）现在在德国的山区几乎已经绝迹了

味觉盛宴

鳞翅目幼虫含有丰富的蛋白质、维生素和矿物质。对于人类和灵长类动物来说，它是一种很受欢迎的食物，欧洲之外的很多民族现在也还经常食用蝴蝶和蛾的幼虫或者蛹。在非洲的刚果河流域，每年都会有280吨干制的幼虫供人们食用。在扎伊尔人的餐桌上，你可以见到多达30种由幼虫制成的菜肴。

热带雨林为鳞翅目昆虫提供了极其多样化的生存环境，对热带雨林的过度砍伐，已经对许多种类的鳞翅目昆虫造成了危害

泰国市场上用竹螟幼虫做成的“小吃”

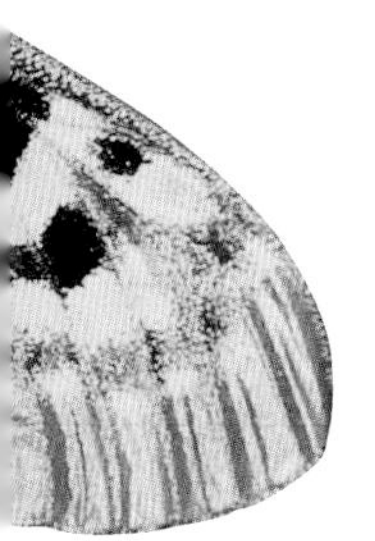

我们怎样才能帮助蝴蝶？

在没有使用杀虫剂的花园里，我们可以为当地的蝴蝶提供食物和栖身之地。一片夹杂着野花的草地就是一个蝴蝶乐园。山萝卜、剪秋罗、薰衣草、福禄考、泽兰、花烟草和大叶醉鱼草等一些产蜜的花都能够为成蝶提供充足的食物。而荨麻、蓟种植物、莳萝、晚樱草、胡萝卜、毛蕊花、猪殃殃、柳叶菜、草地碎米荠和蝴蝶花都是幼虫喜欢的食物。黄花柳是德国本地蝴蝶幼虫最重要的食物，有 50 多种蝴蝶以此为生，而它们的柔荑花序是越冬的蝴蝶很好的蜜源。很多濒临灭绝的种属需要我们采取强有力的保护措施，从而保障它们的生活空间不会被侵占。只要我们每个人大力支持自然保护组织和昆虫协会的工作，就能更好地实现这一目标。

蝴蝶农场里饲养着来自世界各地的蝴蝶。在特拉森海德的蝴蝶农场的“蝶蛹摇篮”里，蝶蛹会悬挂在亚麻布上直至蝴蝶破茧而出

一起做：培植花丛

野花丛可以从事先准备好的花垫上慢慢培育起来

培植花丛首先应该选取一块阳光充沛的场地，面积至少 2 平方米左右。你可以买来各种各样的野花种子，或者从农民贮存草料的地方收集种子。如果你要直接对花园里的草地进行改造，就必须在春天播下花种之前，先对这块草地反复进行翻土整理。如果你用事先撒好花种的毡垫的话，那么就会事半功倍。最开始的时候，你必须保持花种处于湿润的环境中，然后在上面盖上网，这样就能够避免鸟儿啄食种子。千万不要给花丛施肥，每年 5 月对它进行一次修剪。及时拔除杂草，不让它们消耗过多的养料。夏末入秋之后，就不要再进行修剪了，因为继续修剪，你很可能会伤及植物上的虫卵和蛹。

在没有杀虫剂污染的菜园中，金凤蝶幼虫有时会啃食胡萝卜叶

术语表

触角：昆虫头部呈线状、棒状、锯齿状、羽状或者梳子状的触角。触角是重要的感觉器官，能够感知气味和空气流动情况。

喙管：鳞翅目昆虫由下颚的外颚叶演化合并而成的喙管。由两个结合在一起的分管组成的虹吸式喙管，在肌肉和血压的作用下会伸直，安静时盘卷呈发条状。

鳞片：鳞翅目昆虫极为平滑的毛发，像瓦片一样覆盖在翅膀和身体上。鳞片会呈现出彩色可能是由鳞片表面特殊的结构形成的。有些鳞片还能够释放性诱醇。

毛足：某些蝶科昆虫胸部的第一对足。退化，不适于行走，弯曲在头部下方。

腹足：幼虫腹节上类似足的结构，就像小钩一样，具有固定作用。

角质层：昆虫防水密闭的坚硬外壳，覆盖着整个身体。主要由蛋白质和几丁质组成。

变态：昆虫从卵到幼虫再到成虫的形态变化过程。鳞翅目昆虫属于完全变态昆虫，幼虫在经过多个生长期后，会变成一个几乎不能移动的蛹，不久之后，成虫就会从蛹中羽化而出。

蜕皮：昆虫的幼虫在慢慢长大的过程中，必须多次更换身体表面坚硬的外壳。在旧外壳脱落之前，新外壳就已经慢慢形成了。

被蛹：被蛹是几乎所有鳞翅目昆虫蛹的形式。昆虫的身体被硬壳包裹，并贴附在一起。

缢蛹：蛹的形式之一。蛹利用腹部末端固定在植物上，同时在腰部缠绕一道丝使蛹呈直立状态。

悬蛹：蛹的形式之一，蛹头部向下，腹部末端固定在蛹壳中。

模仿：模仿者本身无害或不具有毒性。模仿有毒或者不能食用的物种，多是为了威慑敌人。

拟态：昆虫经常使用的伪装方法，通过行为和色彩模仿环境中无生命或者无法食用的物体，迷惑敌人。

荷尔蒙：腺体中产生的芳香物，可以吸引同类。性诱醇对鳞翅目昆虫寻找配偶和交配具有重要的作用。

迁徙鳞翅目：鳞翅目昆虫中的某些种类，定期离开栖息地，飞越大洋和陆地，迁徙数千千米。

图片提供 / 123RF